澎湃研究所 编著
The Paper Institute

垃圾分类的全球经验与上海实践

Waste
Management:
Global
Experiences
and
Shanghai
Praxis

U0334428

80℃
70℃

同济大学出版社 TONGJI UNIVERSITY PRESS

前言

缘起

在2020年这个不同寻常的春节假期里，澎湃研究所完成了这本书的内容初编工作。如果说2020年"防疫"是中国最重要的事件，那么在过去的2019年，"垃圾分类"无疑是全上海乃至全中国最热门的话题之一。

和防疫一样，垃圾与所有人密切相关，每个人每天都会产生垃圾。根据2018年《中国统计年鉴》的数据，上海每人每天产生的垃圾量约为0.89公斤。而据世界银行报告《垃圾何其多》（*What a Waste 2.0*）预测，如果不采取行动，到2050年，全球垃圾量将增加70%，达每年34亿吨。

面对日益紧迫的垃圾问题，2019年7月1日，被称为中国"史上最严垃圾分类措施"的《上海市生活垃圾管理条例》正式实施。"你是什么垃圾"，这句因垃圾分类而流行的戏谑问话，成为一些上海居民的生活体验。

事实上，上海自20世纪90年代起推行过几轮垃圾分类试点工作，使市民对"垃圾需要分类"的认知逐渐清晰。但由于缺乏完善的全程分类体系及垃圾后端处理体系，几次推行均止步于试点。

那么，上海为何一定要强制推行垃圾分类？这次实行垃圾分类的成效如何？根据《关于在全国地级及以上城市全面开展生活垃圾分类工作的通知》（建城〔2019〕56号），到2020年，中国将有46个重点城市基本建成生活垃圾分类处理系统。上海的垃圾分类实践经验有哪些可供中国其他城市参考？在全球范围内，还有哪些值得借鉴的垃圾分类经验呢？

这些问题就是本书的出发点。

"市政厅"是澎湃新闻·澎湃研究所的一个栏目，着眼于中国城市转型实务，汇集全球城市发展智慧。从2015年起，"市政厅"就陆续发表垃圾分类和垃圾再生的相关文章50余篇。2019年6—9月，在上海强制推行垃圾分类的过程中，"市政厅"先后组织了三次沙龙讨论，基层社区工作者、各级政府管理部门、垃圾处理各环节的企业、相关学科的专家学者，以及普通居民等，分享了各自在上海垃圾分类推进过程中的体会和建议。这些内容由"市政厅"最终整理成文发表，引起广泛的关注与讨论。

因此，澎湃研究所决定将垃圾分类的相关内容进行重新编写，让更多人了解上海的垃圾分类推广经验以及垃圾问题解决方案的全球经验。为了形成一本内容丰富的读本，针对不同读者的需求，又扩充了更多围绕垃圾分类而展开的内容，包括澎湃新闻的相关报道、垃圾分类相关的研究报告与学术论文，以及垃圾问题从业人员撰写的专业文章。

本书将以上海的垃圾分类经验为主线，同时结合全球垃圾分类及垃圾处理的先进经验，对垃圾处理——这个无法回避的城市治理问题——进行一次深入细致的梳理。

普通居民

垃圾分类需要全民参与。

本书将通过图解信息，让公众对垃圾分类有更直观的了解。垃圾从居民家中出来后，会被分类运送到不同的垃圾处理末端，在这些末端的垃圾处理设施里，垃圾会经过怎样的流程最终减量并转化成对环境无害的物质？城市的垃圾被填埋在哪里？垃圾焚烧后会产生什么？湿垃圾如何转换成肥料回归土壤？

对以上这些问题的了解，一方面会帮助居民正确地进行垃圾分类，比如因为湿垃圾可以加工成肥料，所以不要把纸巾、牙签等干垃圾混入，否则会给后端处理带来很多不便；另一方面，也能让居民对垃圾分类工作产生更多的认同，比如，垃圾分类可以让垃圾减量，也可以让更多的资源得到有效利用，那么居民对在家垃圾分类的价值就有了直观的认识。

垃圾分类推广的实践者

对于推动垃圾分类的地方政府和参与社区工作的实践者来说，本书将通过具体的案例，讲述在垃圾分类的推广过程中，需要向居民解释哪些问题以消除其疑虑；社区推进时会出现哪些具体的问题，如何解决这些问题；社区志愿者、居委会、物业公司、社会组织及其他相关的机构要如何参与和协作。

围绕以上这些问题的讨论，上海的一手经验可以给其他城市提供鲜活的参考。上海爱芬环保（一家推动垃圾分类的社会组织）创始人郝利琼认为，垃圾分类不仅是给垃圾进行分类，也是培育公民意识的过程，是推动社区自治、社区治理的方法。而这两点正是垃圾分类的价值所在。

垃圾问题的决策者与研究者

垃圾是放错地方的资源。

2019年1月，中华人民共和国国务院办公厅印发《"无废城市"建设试点工作方案》，正式推进中国"无废城市"建设工作。对于决策者和垃圾问题的研究者来说，本书试图从垃圾分类拓展到对资源回收利用以及"无废城市"的探讨。

上海正在建设两网融合的资源回收体系，包括上海在内的中国城市里原有的收废品小贩将何去何从？如何重新思考回收利用的含义？如何理解垃圾的"无害化"？如何客观认识垃圾焚烧？如何理解"无废城市"的愿景？

要回答这些问题，需要精细化的城市治理、科学严谨的解决方案以及包容性的发展策略。而在全球范围内，已经出现一些值得参考的案例。

一个方向是依靠科技创新。2019年，新加坡政府制定了零废弃规划，目标是在2030年前成为"零废弃国家"，具体包括使人均日均垃圾产生量由0.36公斤降为0.25公斤，总体废物回收率达到70%。规划指出，开发新型回收技术和研制环保替代材料是重中之重。

而另一个方向是依靠人们的包容和共享。日本2018年度设计大奖授予"寺庙零食俱乐部"项目。因为看到单亲母子饿死的新闻，日本知恩寺的和尚将信徒供奉神明的食品送给贫困单亲家庭的孩子们，每月有约9000个孩子获得援助。这一项目在让人感到温暖的同时，也让人看到对食物的尊重和物尽其用可以产生出强大的力量。

其实，在全球各地都出现了类似的食物共享活动，人们不仅共享食物和技能，也创造出让人相遇和产生联结的场所，把人们的心联结到一起。在经过2020年这个特殊的疫情期后，我猜想，人们会更珍视与他人的联结。

借助别人的经验，会走得更快更稳

在疫情期，作为一名上海居民，我每次出门都要做好周全的防护，为了节省口罩和一次性手套，只能尽量减少出门的次数。以前可以每天扔垃圾，现在要攒三四天一起扔。但我依旧每天在家给垃圾分类，我所居住的小区从2019年年初就开始宣传垃圾分类，在不到一年的时间里，垃圾分类已经成了我日常生活的一个环节。

在这特殊的疫情时期，之前被多次讨论的"定时定点"问题又凸显出来。以前，我无法按时扔垃圾，多是和"996"（指早上9点上班，晚上9点下班，每周工作6天）的年轻人一样，加班后回家太晚，错过了扔垃圾的时间。而在疫情期，也很难定时扔垃圾，为了减少出门，很多人常常是趁着拿快递的机会把垃圾带出去。

在本书中，也有很多关于"定时定点"的讨论。"定时定点"本意是为了让志愿者更好地监督，帮助居民正确分类。在实践过程中，如果居民已经养成正确的垃圾分类习惯，并且有合理的监督措施，上海的一些小区也可以做到24小时开放垃圾桶。

至少在我居住的小区里，从楼下堆放的垃圾来看，绝大多数都是分好类的垃圾。如果在这个特殊的疫情期，上海的居民仍然能保持垃圾分类的习惯，那么，上海的垃圾分类就算深入人心了吧。

在20世纪70年代，日本东京爆发的"垃圾战争"迫使东京都政府进行垃圾处理的机制改革，才逐渐形成如今的垃圾分类及垃圾处理模式。上海的垃圾分类刚刚起步，中国更多的城市也会加入进来。

上海及中国其他城市即将走上的道路，已经被全球很多城市走过，虽然不能直接照搬别人的做法，但借助别人的成功经验和失败教训，才会让我们走得更快更稳。中国未来的"无废城市"会是什么样子，离我们还有多远，相信这本书会带给读者一些启发。

垃圾分类只是一个起点，只有从这个起点开始，垃圾才会慢慢减量，更多被放错地方的资源才能得到有效利用。对于每个"普通人"来说，垃圾分类是我们能为日益严峻的垃圾问题及环境问题做的一点点小事。

最后，借用世界清洁日的一句宣传语："普通人可以用一种积极的方式组织和团结起来，为世界带来巨大的正面改变。"

澎湃研究所

目录   2   前言

1

垃圾：
人类文明
的印迹

何为垃圾？

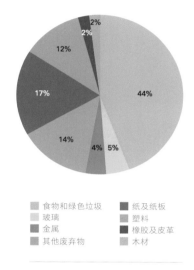

全球垃圾构成（2016年数据）

图例：
- 食物和绿色垃圾
- 玻璃
- 金属
- 其他废弃物
- 纸及纸板
- 塑料
- 橡胶及皮革
- 木材

数据来源：
世界银行报告《垃圾何其多2.0：
到2050年全球固体废物管理一览》

据1989年联合国环境规划署签署的《控制危险废物越境转移及其处置巴塞尔公约》第二条第一款，"'废物'是指处置的或打算予以处置的或按照国家法律规定必须加以处置的物质或物品"。

联合国统计司《环境统计词汇表》将垃圾视为"非主要产品物质（并非市场商品），没有商品、改造、消费利用价值，需要废弃处理。垃圾可能来自原材料开采、原材料加工成中间或最终商品的过程、最终商品消费和其他人类活动等。不包括回收或再利用的残余品"。

根据来源不同，垃圾又可以分为生活垃圾、建筑垃圾、绿化垃圾、电子废弃物、工业废料、生物医疗垃圾、危险废弃物等。本书内容所涵盖的就是生活垃圾这一范畴。

据世界银行统计，在全球范围内，数量最大的垃圾种类是食物与绿色垃圾（food and green waste），占全球垃圾总量的44%，而可回收利用物（包括塑料、纸及纸板、金属、玻璃）则占了38%。由于收入水平不同，不同国家和地区的垃圾构成也有很大差别。垃圾中的有机物比例随着收入的增长而降低。与低收入国家相比，高收入国家的消费品中含有更高比例的纸和塑料等材料。

垃圾的
影像世界

2012年7月3日，湖北宜昌，三峡大坝开闸泄洪。随着长江洪水漂浮的各种垃圾被排下后，
聚集在三峡大坝下游长江岸边，有白色泡沫、废弃酒瓶、旧鞋等，令人触目惊心。
图片来源：IC photo

2013年10月25日，北京，一位拾荒的老人在国贸桥的马路上整理回收的废品。

图片来源：IC photo

2013年4月20日，距离垃圾山不到一公里的远丰村，是东莞有名的"癌症村"。
村民邓伯说，自1995年起，整个虎门镇的生活垃圾都堆置于此。
图片来源<IC photo

2019年8月21日，陕西西安。西安江村沟生活垃圾填埋场于1993年4月动工建设，1994年6月正式投入运行，总占地1031亩，总容量3463万立方米。2009年，该填埋场被中华人民共和国住房和城乡建设部评定为I级生活垃圾填埋场（最高等级）。目前日均处理生活垃圾10000吨左右，是国内日处理量最大的垃圾处置设施。

图片提供／视觉中国

全球每天产生多少垃圾?

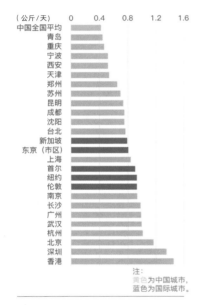

（公斤/天）

2017年全球部分城市人均垃圾产生量

注:
黄色为中国城市,
蓝色为国际城市。

数据来源:
2018《中国城市建设统计年鉴》;
中国台湾"行政院环境保护署";
东京23区清扫事务联合会;
纽约市清洁局;
英国环境、食品和农村事务部;
首尔市政府;
新加坡环境理事会;
香港特别行政区政府环境保护署。

垃圾的产生是城镇化、经济发展和人口增长的自然产物。随着全球各地城市的繁荣发展,城市一方面向人们提供更多的产品和服务,另一方面也参与国际贸易与交换,从而面临着越来越棘手的垃圾增长及废弃物处理问题。

根据世界银行的数据,2016年全球共产生了20.1亿吨垃圾。其中,东亚及太平洋地区、欧洲及中亚地区产生的垃圾,占全球垃圾总量的43%。而中东及北非地区、撒哈拉以南非洲地区是全球产生垃圾最少的区域,仅占15%。

大体上,垃圾产生量与经济发展呈正相关。尽管高收入国家的人口数只占全球人口数的16%,垃圾产生量却占全球总量的34%;而低收入国家人口占全球的9%,垃圾产生量只占5%。在全球范围内,每人每天产生的垃圾量约为0.74公斤,而这一数据在不同地区的差距极大,最少仅为0.11公斤,最多可达4.54公斤。一般来说,垃圾的产生量与各国的收入水平和城镇化率有关。

垃圾产生量会随着城镇化的增长而增长。高收入国家和经济体的城镇化程度更高,垃圾产生的人均量和总量也都更大。从区域层面来看,北美地区拥有高达82%的城镇化率,平均每人每天产生的垃圾量为2.21公斤,而撒哈拉以南非洲地区的城镇化率仅为38%,每人每天产生的垃圾量仅为0.46公斤。

在低收入和中等收入国家,食物和绿色垃圾(food and green waste)占其垃圾总量的50%;而在高收入国家,这类垃圾仅占其垃圾总量的32%,这是因为产生了更多包装废弃物和其他无机废弃物。

可回收利用物(recyclables)在垃圾中占了很大比例,包括纸及纸板、塑料、金属、玻璃等。在低收入国家,这一比例为16%;而在高收入国家则为50%。收入水平提升后,可回收利用物的数量和占比也会增长,其中废纸量增长最为显著。在高收入

数据来源：
世界银行报告
《垃圾何其多 2.0：到 2050 年
全球固体废物管理一览》

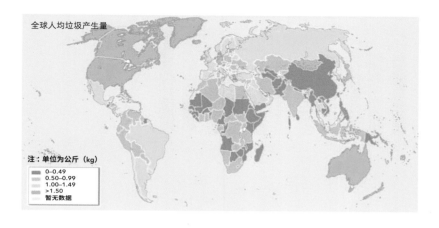

全球人均垃圾产生量

注：单位为公斤（kg）

- 0-0.49
- 0.50-0.99
- 1.00-1.49
- >1.50
- 暂无数据

全球不同地区产生的垃圾
上：不同地区的垃圾产生量比例
下：不同地区的垃圾产生量

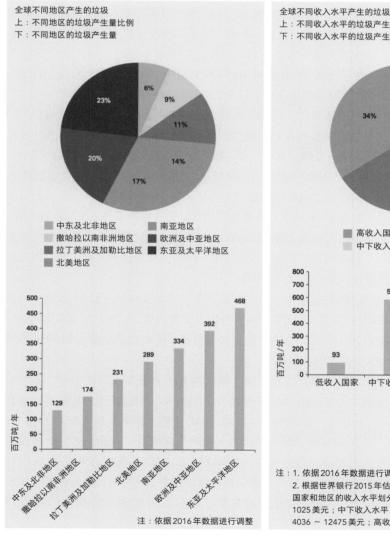

- 中东及北非地区
- 撒哈拉以南非洲地区
- 拉丁美洲及加勒比地区
- 北美地区
- 南亚地区
- 欧洲及中亚地区
- 东亚及太平洋地区

注：依据 2016 年数据进行调整

全球不同收入水平产生的垃圾
上：不同收入水平的垃圾产生量比例
下：不同收入水平的垃圾产生量

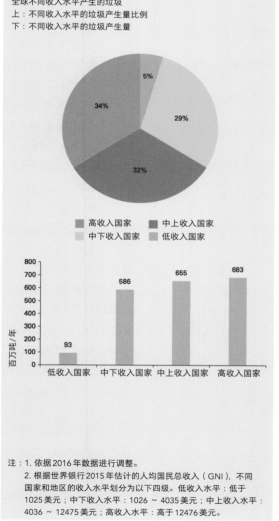

- 高收入国家
- 中下收入国家
- 中上收入国家
- 低收入国家

注：1. 依据 2016 年数据进行调整。
2. 根据世界银行 2015 年估计的人均国民总收入（GNI），不同
国家和地区的收入水平划分为以下四级。低收入水平：低于
1025 美元；中下收入水平：1026 ~ 4035 美元；中上收入水平：
4036 ~ 12475 美元；高收入水平：高于 12476 美元。

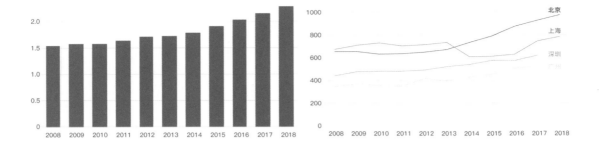

左：中国生活垃圾清运量
（亿吨/年）
右：中国一线城市生活垃圾
清运量（万吨/年）

数据来源：
《中国统计年鉴》2018

国家中，三分之一以上的垃圾可通过回收循环和制肥等方法得以再利用。

垃圾清运率（waste collection rates）在不同收入水平的国家中差别也很大。一般来说，高收入和中上收入国家提供广泛覆盖的垃圾清运服务；中等收入国家中，乡村地区的垃圾清运率在33% ~ 45%之间；而低收入国家在城市内的垃圾清运率约为48%，在城市以外地区只有26%。

那么，这些清运来的垃圾又是如何处理的呢？

在全球范围内，约37%的垃圾在各种垃圾填埋场进行处理，33%的垃圾被露天丢弃，19%通过回收和制肥循环利用，11%则通过现代焚烧技术进行处理。其中，中上收入国家采用垃圾填埋的方式处理54%的垃圾；而高收入国家中，填埋的占比为39%，回收利用或制肥占35%，另有22%为焚烧处理。

不难看出，有控制地填埋垃圾或利用更严格的设备来充分处理垃圾，几乎是高收入和中上收入国家的特有方式。而较低收入国家通常只能依靠露天丢弃的方式：低收入国家中，93%的垃圾都被直接丢弃；而在高收入国家，这一数字仅为2%。

据世界银行报告《垃圾何其多》（What a Waste 2.0）预测，如果不采取行动，到2050年，全球垃圾产生量将增加70%，达每年34亿吨。而低收入国家的垃圾产生量，如撒哈拉以南的非洲地区，到2050年时可能会至少增长3倍。

作为世界第二大经济体，同时拥有世界最多人口的中国，其垃圾产生量在过去10年中也不断增多。2008年，中国的生活垃圾清运量为15437.7万吨，即每天约42万吨；而10年后，这个数据增长了近1.5倍。

在这10年间，随着垃圾产生量的不断增长，中国的垃圾处理设施也在不断建设，垃圾填埋场从407座增加至663座，垃圾焚烧场从14座增加至331座，这个数据仍在持续增加中。随着垃圾处理设施技术的不断提升，中国的生活垃圾无害化处理率从66.76%增加到99%，在一线城市甚至达到100%。

垃圾对环境
有哪些影响?

据世界银行保守估计,全球至少三分之一的垃圾未被妥善处理,这些垃圾或露天倾倒或焚烧,对环境造成了恶劣影响。那么,垃圾会对环境带来哪些影响呢?

首先,垃圾需要空间。垃圾的处理、填埋和堆放都会占据大量的土地资源,世界上很多城市都面临垃圾围城的问题。目前,中国有超过三分之一的城市深陷垃圾围城的困局,三分之二的城市处于垃圾包围之中。由于中国近七成垃圾的处理方式是填埋,同时,约四分之一的城市甚至没有垃圾填埋堆放场地,全国城市垃圾堆存累计侵占土地超过5亿平方米,每年经济损失高达300亿元。

据媒体报道,中国最大的垃圾填埋场——西安灞桥江村沟垃圾填埋场预计在2020年"退休"。这个垃圾填埋场占地约为100个足球场,其设计运行时间为50年,然而只工作了25年就不堪重负了。可见,中国垃圾产生量增长之快,垃圾填埋场的寿命之短,远超过设计之初的预想。

如果生活垃圾的处理只是依靠填埋,那么,仅仅依靠扩建填埋场将很难解决这一难题。除此之外,传统的填埋方式对填埋场及周边土地的污染也难以忽视,垃圾中残留的重金属污染物,生物降解产生的渗沥液都会产生严重的环境污染问题。

其次,塑料垃圾会污染水环境和土壤环境,其中水环境包括地表径流、地下水和海洋。据科学家研究发现,加利福尼亚和夏威夷之间的太平洋上漂浮着超过7.9万吨的塑料垃圾,这片海洋垃圾带被称为"第八大陆"。

这些垃圾都来自哪里?其实,渔业所用的网丝、缆绳,人类陆上生活丢弃的塑料制品等等,都可能成为海洋垃圾。2017年,《自然》杂志子刊《自然·通讯》(Nature Communications)上发表的一项统计显示,全球每年通过河流入海的塑料垃圾有115万~ 241万吨。其中,90%以上的海洋塑料垃圾来自污染最严重的122条河流,这些河流中有103条位于亚洲。

由于塑料降解所需时间长达百年，垃圾入海后，或在海面上漂浮聚集，逐渐形成面积巨大的"垃圾岛"；或因重力沉入海底，在海底"开辟"垃圾场。而在人类肉眼不可见之处，海洋塑料垃圾还在悄然变化。

塑料垃圾首先会在海洋环境中破碎成塑料碎片，加之海洋环境中风化、紫外线、波浪等长期的物理化学作用，这些碎片垃圾会进一步裂解成直径小于1厘米的塑料碎片或颗粒。有着"海洋中的$PM_{2.5}$"之称的微塑料，正是在这一作用下形成的直径小于5毫米的塑料颗粒。

无论处于哪一状态的海洋塑料垃圾，对于海洋生物而言都是致命威胁。据媒体报道，塑料污染每年导致上百万只海鸟、10万头海洋哺乳动物、难以计数的鱼类死亡，严重影响海洋生物、渔业、旅游业，由此造成的经济损失高达80亿美元。有研究显示，如果对现状置之不理，到2050年，海洋中塑料垃圾总量将超过鱼类总重量。

而微塑料的危害更是无形，它们被海洋生物吸收后可能长期存留于生物体内。近年来，在贝类、大型哺乳动物、鱼类、浮游动物体内都检测出微塑料，其中贝类普遍检出微塑料颗粒。

塑料碎片几乎遍布世界各地，土壤塑料污染其实比海洋塑料污染更为严重。《科学进展》杂志上的一项研究称，20世纪50年代初以来，人类已经生产了83亿吨塑料，其中有63亿吨变成了塑料垃圾。农用地膜破碎、有机肥施用、污水灌溉、污泥农用、大气沉降以及地表径流等，是导致土壤塑料污染的主要因素。这些塑料垃圾中，有79%被埋在垃圾填埋场或最终进入大自然。如果没有更好的回收基础设施和技术，继续按照目前的生产速度发展下去，到2050年，将有120亿吨塑料被扔进垃圾填埋场和自然界。

在陆地生态系统内部，塑料成为隐形杀手。以蚯蚓为例，当土壤中存在微塑料时，蚯蚓的洞穴会发生变化，微塑料污染的植物凋落物喂养的蚯蚓生长更慢，死亡更早，土壤条件也相应变差。同时，受塑料污染影响的土壤范围也会随着土壤生物活动而继续扩大，而塑料碎片表面可能携带致病微生物而成为传播疾病的媒介。

最后，露天堆放的垃圾会释放有害气体、温室气体，甚至易燃易爆气体，引发垃圾爆炸事故。据估计，2016年因垃圾处理产生的二氧化碳为16亿吨，约占全球温室气体排放量的5%。来自全球大气研究排放数据库（EDGAR）的报告显示，2016年中国废弃物中产生的甲烷为3.12亿吨二氧化碳当量，参考美国环境署的转换方法进行估算，这相当于6700万辆小汽车一年的温室气体排放量。而甲烷的主要排放源之一就是城市生活垃圾。作为超级污染温室气体之一，甲烷对全球变暖趋势产生了巨大的负面影响。

垃圾与每个人的生活密切相关，面对日益增长的垃圾数量，面对垃垃圾围城及垃圾造成的环境问题，我们能做些什么呢？

世界银行城市发展专家希尔帕·卡扎（Silpa Kaza）认为，妥善管理垃圾具有经济上的意义，与其消除垃圾带来的影响，不如选择成本更低的解决方案，即建立并运行一套简单且合理的垃圾管理系统。

在当下的中国，推行垃圾分类正是解决垃圾问题的重要一步。

撰文　邱慧思　冯婧

参考资料：

[1] 国家统计局.中国统计年鉴[J].北京：中国统计出版社，2008-2018.

[2] World Bank. What a Waste 2.0: A Global Snapshot of Solid Waste Management to 2050 [R]. 2018.

[3] 澎湃新闻.央视：全国超三分之一城市被垃圾包围，如何找寻化解之道？
[EB/OL]. [2020-02-15]. https://www.thepaper.cn/newsDetail_forward_1504317.

[4] 澎湃新闻.地球的一半｜分类做不好，你的城市垃圾将加速全球气候变暖[EB/OL].
[2020-02-15]. https://www.thepaper.cn/newsDetail_forward_2945533.

[5] 澎湃新闻.图解｜每年百万吨塑料垃圾经由河流入海，亚洲占67%[EB/OL]. [2020-02-15].
https://www.thepaper.cn/newsDetail_forward_1727545.

[6] 澎湃新闻.国家海洋局局长：现在连深海4500米的生物体内都有微塑料[EB/OL]. [2020-02-15].
https://www.thepaper.cn/newsDetail_forward_2248856.

[7] 澎湃新闻.微塑料是否存在于海洋贝类、鱼类中？生态环境部回应[EB/OL]. [2020-02-15].
https://www.thepaper.cn/newsDetail_forward_2691659.

[8] 祝叶华.土壤塑料污染，竟比海洋还严重？[EB/OL]. [2020-02-15].
https://www.thepaper.cn/newsDetail_forward_4942173.

1953年

上海人口

6204417

1964年

上海人口

10816458

1990年

上海人口

13341896

2000年

上海人口

16737734

2010年

上海人口

23019148

68668

消火栓

灭火器

上海生活垃圾科普展示馆，
展示了城市半个多世纪以来的上海人口数量变化。

澎湃新闻记者 周平浪 拍摄

Thank you
感谢您，外国朋友！
for your cooperation with
garbage classification

上海环贸附近一处标语。

澎湃新闻记者　周平浪　拍摄

2

垃圾分类的
全球经验

垃圾分类的
全球图景

从远古时期到现在，人类的历史就是垃圾的历史，
而且也是人类怎样面对垃圾问题的历史。

————**麦克·马瑟里**（Mirco Maselli）

    人类的历史与垃圾是密不可分的。不同时期，人类对垃圾的认识和处理方式，实则也是人类社会文明发展进程的反映。在生产力贫乏的远古时期，人类产生的垃圾基本是可降解的，即使随意丢弃、掩埋和燃烧，大自然也都可以自行消化和调节。

    但这种处理方式没有随着城市化的进程而改变，于是人们生活在了垃圾逐渐蔓延的环境中。虽然在古希腊时期，垃圾处理的问题就已经开始进入人类的视线，出现了人类历史上记载的最早的垃圾填埋实例，但直到中世纪，城市垃圾处理手段都比较粗暴，人们不得不与垃圾和污秽物共处。虽然政府和人民对垃圾十分反感，但在政府颁布的垃圾堆放、清除、销毁的法令和措施面前，垃圾困境始终没有得到太大改善。

    转机发生在19世纪。

    法国微生物学家巴斯德（Louis Pasteur，1822—1895）对细菌的发现，从根本上改变了人们对城市清洁的观念，垃圾问题也开始受到重视，城市的垃圾处理进入新的阶段，"垃圾分类"便是在这一时期初具雏形的。

    1883年，时任巴黎行政区长的普拜勒（Eugène Poubelle）

颁布法令，要求将生活垃圾分类放于不同的垃圾箱内，分别是厨余垃圾、纸和破布、玻璃、陶瓷和贝壳等，并提前将垃圾箱放在公共街道上，以便地方政府用马车清运。从此，"垃圾箱法"和由市政当局组织的垃圾运送，在很多欧洲城市中逐步实行起来。

随着工业化进程加快，人类社会进入消费时代，开始了快速的"生产—消费—抛弃"的循环，人类生产的垃圾越来越多，给城市带来了空间侵占、环境污染、卫生健康、资源浪费等一系列无法回避的问题，也加速了垃圾分类和循环利用时代的到来。

自20世纪60年代至70年代，众多发达国家开始号召民众进行垃圾分类，以便对塑料、玻璃、废纸、金属等进行再利用。美国在1965年颁布了《固体废弃物处置法》，将处理废弃物提高到事先预防、减少污染的高度；日本于1970年颁布了《废弃物处理法》，正式开始实施垃圾分类，区分日常垃圾和工业垃圾；同一时期，德国的"垃圾经济"概念兴起，政府制定了一系列法律法规，规范人们对废弃物的处理，在20世纪90年代初德国成为第一个为"垃圾经济"立法的国家。与此同时，这些国家的垃圾分类和处理方式也日渐精细化和复杂化。

最初，人们也经历了不理解和不配合，但通过源头分拣和与浪费作斗争等方式，居民成为垃圾循环再生的最重要因素。如今在全世界很多国家，垃圾分类已经是国民生活方式的一部分。

目前，垃圾清运服务是一项最常见的市政服务，全球范围内运行着若干种垃圾清运服务模式。其中，最普遍的一种是挨家挨户（door-to-door）收垃圾，通常用卡车或小型交通工具装载，一些条件有限的地方可能使用手推车或驴子等。这类清运往往都有固定的周期，有些地区会通过铃声或其他声音信号提醒社区——垃圾车来了，比如中国台湾就用《致爱丽丝》《少女的祈祷》等作为垃圾车的背景音乐。而一些地区先以社区为单位在中转站集中收取垃圾，再由市政部门运送到末端处置点。

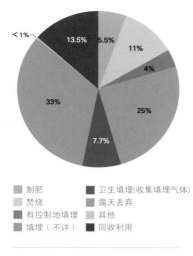

- 制肥
- 焚烧
- 有控制地填埋
- 填埋（不详）
- 卫生填埋(收集填埋气体)
- 露天丢弃
- 其他
- 回收利用

全球垃圾处理方式（2016年数据）

数据图来源：
世界银行报告《垃圾何其多2.0：
到2050年全球固体废物管理一览》

垃圾清运服务的提升对减少污染有着重要意义，而且还能提升人类健康水平、减少交通拥堵。垃圾清运率在高收入国家接近100%，在中下收入国家约为51%，而在低收入国家仅为39%。低收入国家中，未被收集的垃圾通常由家庭独自处理，处理方法可能是露天丢弃，而不太采用回收或制肥的手段。

目前全球范围内有33%的垃圾被露天丢弃，各国政府已经逐渐意识到垃圾露天弃置点的风险和成本，并在不断寻找可持续处理垃圾的方法。垃圾填埋场的建造和使用，通常是走向废弃物可持续管理的第一步。全球约有37%的垃圾是在垃圾填埋场中处理的，低收入国家中仅有3%的废弃物存放在垃圾填埋场中。

高收入国家也倾向于使垃圾得到再利用。全球约有19%的垃圾通过回收循环和制肥得以重新利用，还有11%由现代焚烧技术进行处理。焚烧处理往往为有技术能力且土地有限的国家和地区所采用，比如日本和英属维尔京群岛。

纵观人类社会与垃圾共处的历史，垃圾分类不仅是现代城市发展的必然要求，也在不经意间进行了历时数百年的全民环保教育。

撰文　胡婧怡　冯婧

参考资料：
[1] 西尔吉. 人类与垃圾的历史 [M]. 天津：百花文艺出版社，2005.
[2] 肖丽萍，喻晓艳. 垃圾分类发展历程比较 [J]. 中国集体经济，2014(34):72-73.
[3] [意]麦克·马瑟里. 垃圾历史书 [M]. 北京：北京联合出版公司，2018.
[4] 王如君. 美国：垃圾分类实现城镇全覆盖 [N]. 人民日报，2017-03-22.
[5] 冯雪珺. 德国：垃圾分类，重立法更重执法 [N]. 人民日报，2017-03-27.
[6] World Bank. What a Waste 2.0: A Global Snapshot of Solid Waste
    Management to 2050[R]. 2018.

垃圾分类的全球经验

台北 资源回收分类一览表

松山區清潔隊 2514-7712 · 2514-7713 ｜ 信義區清潔隊 2723-4982 · 2723-4990

大安區清潔隊 2737-1303 · 2736-4342 ｜ 中山區清潔隊 2503-3447 · 2502-2264

中正區清潔隊 2332-0726 · 2332-0725 ｜ 大同區清潔隊 2594-9904 · 2594-8437

萬華區清潔隊 2302-2988 · 2306-9144 ｜ 文山區清潔隊 2936-3050 · 2936-3051

南港區清潔隊 2783-4725 · 2783-2691 ｜ 內湖區清潔隊 2791-7730 · 2794-5759

士林區清潔隊 2883-0962 · 2883-0963 ｜ 北投區清潔隊 2822-9849 · 2822-9604

資源回收隊 (內湖再生家具展示場) 2791-9622 · 2791-9532

臺北市政府環境保護局　　廣告

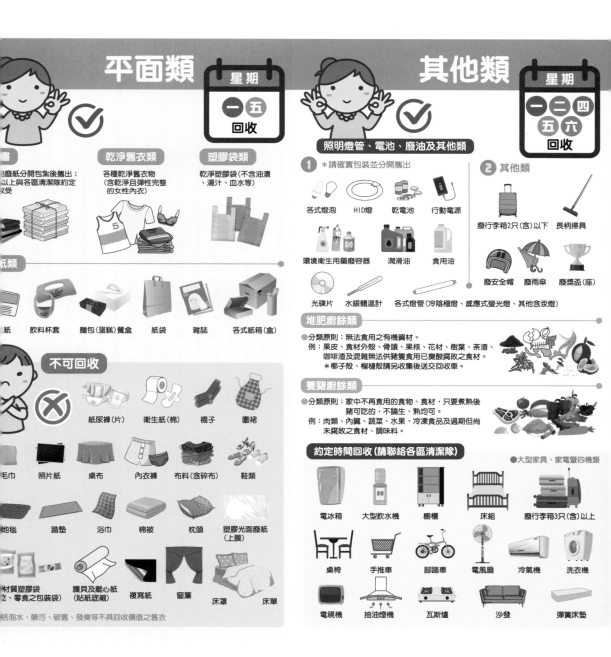

平面類

乾淨舊衣類
各種乾淨舊衣物
(含乾淨且彈性完整
的女性內衣)

塑膠袋類
乾淨塑膠袋(不含油漬
、湯汁、血水等)

書
廢紙分開包紮後攜出；
以上與各區清潔隊約定
收受

紙類
飲料杯套　麵包(蛋糕)餐盒　紙袋　雜誌　各式紙箱(盒)

不可回收

紙尿褲(片)　衛生紙(棉)　襪子　圍裙

毛巾　照片紙　桌布　內衣褲　布料(含碎布)　鞋類

地毯　踏墊　浴巾　棉被　枕頭　塑膠光面廢紙(上膜)

材質塑膠袋
、零食之包裝袋)　腰貝及離心紙(貼紙底襯)　複寫紙　窗簾　床罩　床單

泡水、髒污、破舊、發臭等不具回收價值之舊衣

其他類

照明燈管、電池、廢油及其他類

1 ＊請確實包裝並分開攜出

各式燈泡　HID燈　乾電池　行動電源

環境衛生用藥廢容器　潤滑油　食用油

光碟片　水銀體溫計　各式燈管(冷陰極燈、感應式螢光燈、其他含汞燈)

2 其他類

廢行李箱2只(含)以下　長柄掃具

廢安全帽　廢雨傘　廢獎盃(座)

堆肥廚餘類
分類原則：無法食用之有機資材。
例：果皮、食材外殼、骨頭、果核、花材、樹葉、茶渣、
咖啡渣及混雜無法供豬隻食用已臭酸腐敗之食材。
＊椰子殼、榴槤殼請另收集後送交回收車。

養豬廚餘類
分類原則：家中不再食用的食物、食材，只要煮熟後
豬可吃的，不論生、熟均可。
例：肉類、內臟、蔬菜、水果、冷凍食品及過期但尚
未腐敗之食材、調味料。

約定時間回收 (請聯絡各區清潔隊)

●大型家具、家電暨四機類

電冰箱　大型飲水機　櫥櫃　床組　廢行李箱3只(含)以上

桌椅　手推車　腳踏車　電風扇　冷氣機　洗衣機

電視機　抽油煙機　瓦斯爐　沙發　彈簧床墊

資源回收分類與回收時間一覽表

立體類(星期二、四、六回收)

一般類資源物	乾淨保麗龍類
各類瓶罐、紙容器(如:紙便當盒、紙杯、鋁箔包、牛奶及飲料紙盒等)、小家電(手機、吹風機、檯燈、電話、傳真機、錄放影機、隨身碟、吸塵器、手提式收錄音機、捕蚊燈、電蚊拍、電子遊樂器、塑膠外殼燈具)、電腦主機、螢幕、滑鼠、鍵盤、印表機、掃描機、平板電腦、外接硬碟、廢塑膠、廢金屬、壓克力、塑膠軟管、ABS塑鋼、馬桶蓋、廢輪胎、錄音(影)帶(請抽除磁帶)。 註:紙容器,如:紙便當盒、紙杯、牛奶飲料紙盒、鋁箔包等。	保麗龍餐具類、工業用保麗龍(緩衝材)、包水果的網狀塑膠材質。

 布偶、絨毛玩具、腳踏墊、泡棉(填充材質、海綿)、各種鞋類、打包帶、白板、各種球類、塑膠花盆、木片餐盒、輪胎內胎、機車座墊。

平面類(星期一、五回收)

乾淨舊衣類	廢紙類	塑膠袋類	舊書
各種乾淨舊衣物(含乾淨且彈性完整的女性內衣)。	如麵包(蛋糕)餐盒、各式紙箱(盒)、飲料杯套、雜誌、紙袋、再生紙等。	乾淨塑膠袋(不含油漬、湯汁、血水等)。	與其他廢紙分開包紮後攜出;200本以上與各區清潔隊約定時間收受。

 地毯、踏墊、浴巾、毛巾、棉被、枕頭、床單、床罩、內衣褲、布料(含碎布)、鞋類、襪子、窗簾、桌布、圍裙及泡水、髒污、破舊、發臭等不具回收價值之舊衣。
塑膠光面廢紙(上膜)、複寫紙、護貝及離心紙(貼紙底襯)、衛生紙(棉)、紙尿褲(片)、照片紙。
沾油漬、湯汁、血水等塑膠袋、複合材質塑膠袋(餅乾、零食之包裝袋)。

其他類(星期一、二、四、五、六回收)

照明燈管、電池、廢油及其他類	堆肥廚餘類	養豬廚餘類
一、各式燈管(冷陰極燈、感應式螢光燈、其他含汞燈),各式燈泡、HID燈、乾電池、行動電源、環境衛生用藥廢容器、光碟片、水銀體溫計、潤滑油、食用油。* 請確實包裝並分開攜出 二、其他類:廢行李箱2只(含)以下、廢安全帽、廢雨傘、廢獎盃(座)及長柄掃具。	分類原則:無法食用之有機資材。 例:果皮、食材外殼、骨頭、果核、花材、樹葉、茶渣、咖啡渣及混雜無法供豬隻食用已酸臭腐敗之食材。 ＊椰子殼、榴槤殼請另收集後送交回收車 ＊衛生紙請以一般垃圾處理	分類原則:家中不再食用的食物、食材,只要煮熟後豬可吃的,不論生、熟均可。 例:肉類、內臟、蔬菜、水果、冷凍食品及過期但尚未腐敗之食材、調味料。

約定時間回收 (請連絡各區清潔隊)

大型家具、家電暨四機類

抽油煙機、彈簧床墊、床組、手推車、腳踏車、電風扇、瓦斯爐、大型飲水機、沙發、桌椅、櫥櫃、電視機、電冰箱、洗衣機、冷氣機、廢行李箱3只(含)以上。

行政院環境保護署補助
臺北市政府環境保護局
http://www.dep.taipei.gov.tw

廣告

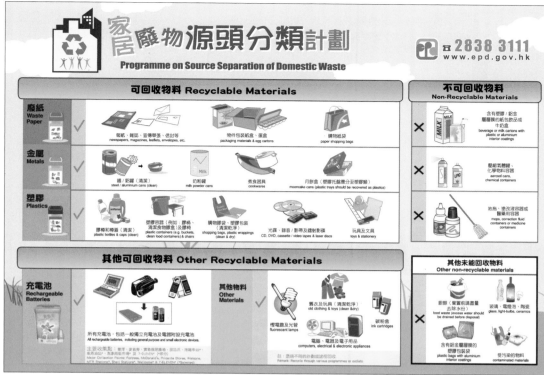

家庭版 港区 除一部分特别地区外，请在指定日的上午8点前丢弃

资源与垃圾的分类指南

港区"减少使用"吉祥物
断辞郎

港区循环使用吉祥物
Reuse-ke

港区再利用吉祥物
Ecole

大型垃圾申请	**大型垃圾受理中心** ☎ **03-5296-7000** (星期一～星期六 8:00～19:00)
	网络申请(24小时受理) http://sodai.tokyokankyo.or.jp

咨询	**当不清楚资源、垃圾的分类、丢弃方法时请垂询"港区客服中心"** ☎ **03-5472-3710** (全年无休 7:00～23:00)
	港区主页 http://www.city.minato.tokyo.jp

港区回收再利用清扫事务所 ☎ 03-3450-8025 (星期一～星期六 7:40～17:15)

日本

垃圾分类宣传页

实践"3R"

勿忘爱惜环境！携手创建循环型社会

我们现在的生活充满了物质享受。所以每天都有大量的物品被生产、消费、废弃。但是地球的资源是有限的。为了将来拥有个美好的地球，我们必须减少垃圾合理使用资源。为实现创造一个可将有限资源循环再利用的"循环型社会"而努力。每个人都要改进现有生活方式，从身边的小事做起，为减少垃圾和推进有限资源的循环利用而努力。

3 采用 3R 原则，实现垃圾减量！
实现垃圾减量的关键词是 3 个 R。只要稍微费点心，便能实现垃圾减量。

第 1 个 R 是 Reduce（减少）
不丢弃垃圾（抑制生成）

R 去实践吧！
☆ 只购买需要的东西。
☆ 不残留食物。
☆ 自备购物袋。
☆ 物品相同时，购买简易包装的商品。

第 2 个 R 是 Reuse（循环使用）
同一物品循环使用。

R 去实践吧！
☆ 洗发水、护发素、洗涤剂等选用可替换装的商品。
☆ 集会、活动时使用餐具代替纸碗等。
☆ 不需要的衣物等请转送给需要的人，或送至区内回收据点。

第 3 个 R 是 Recycle（再利用）
再生，再利用。

R 去实践吧！
☆ 遵守规定，将资源与垃圾正确分类。
☆ 残留污渍的塑料容器等用旧布或用水除去污渍，除去污渍后在资源塑料制品收集日丢弃。
☆ 积极使用再生品。

资源 废纸、塑料瓶、玻璃瓶、罐类

上午8点 以前丢弃，请不要在前一天的晚上或回收后丢弃。
不收集回收资源以外的垃圾。

每周1回 进行回收

区分种类，并按照以下内容丢弃。

例
报纸 / 瓦楞纸板 / 纸盒 / 杂志 / 其他可再生的纸

⚠ **无法回收再利用的纸类** 以下纸类无法回收再利用。请作为"可燃垃圾"扔掉。

① 加工过的纸
② 脏污或有异味的纸
③ 碎纸机碎屑
④ 含有植物以外的材料的纸

区内不予回收的物品

家电回收法对象物品

种类：空调 / 电视（显像管·液晶·等离子） / 冰箱·冰柜 / 洗衣机 / 衣服干燥机

丢弃方法
更换新品时：在新品购入的店铺更换
单纯处理掉时：由购买时的店铺回收
忘记购买店铺时：联系家电回收受理中心进行申请
☎ 03-5296-7200
（星期一～星期五 8：00～17：00）
网络受理（24小时受理）
https://kaden23rc.tokyokankyo.or.jp

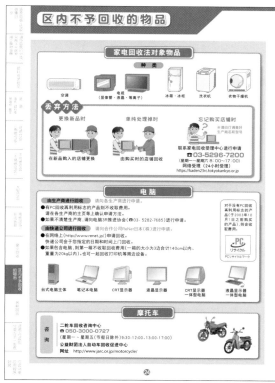

电脑

由生产商进行回收 请向各生产商进行申请。
● 有PC回收再利用标志的产品则不收取费用。请向各生产商的主页等确认相关费用。
● 如果不清楚生产商，请向电脑3R推进协会（☎ 03- 5282-7685）进行申请。

由快递公司进行回收 请向合作公司ReNet（日本）进行申请。
● 在网络上（http://www.renet.jp/）申请回收。
快递公司上门为您您您进行回收。请将第一箱不收取回收费用（一箱的大小为3边合计140cm以内，重量为20kg以内）。也可一起回收打印机等周边设备。

台式电脑主机 / 笔记本电脑 / CRT显示器 / 液晶显示器 / CRT显示器一体型电脑 / 液晶显示器一体型电脑

摩托车

咨询：二轮车回收咨询中心
☎ 050-3000-0727
（星期一～星期五9:30-12:00，13:00-17:00）
公益财团法人自动车回收促进中心
网址 http://www.jarc.or.jp/motorcycle/

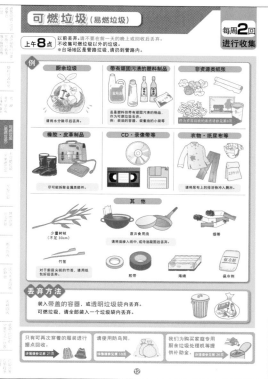

可燃垃圾（易燃垃圾）

上午8点 以前丢弃，请不要在前一天的晚上或回收后丢弃。
不收集集回收资源以外的垃圾。

每周2回 进行收集

区分种类，并按照以下内容丢弃。

例
厨余垃圾 / 带有顽固污渍的塑料制品 / 非资源类纸张
橡胶·皮革制品 / CD·录像带等 / 衣物·纸尿布等
其他：少量树枝（不足30cm） / 废弃食用油 / 烟等 / 竹笋 / 胶带 / 海绵 / 保冷剂

丢弃方法
装入带盖的容器，或透明垃圾袋内丢弃。
可燃垃圾请全部装入一个垃圾袋内丢弃。

只有可再次容器的服装进行据点回收。
请使用防鸟网。
我们为购买家庭专用脱水垃圾处理机等提供补助金。

알기쉬운 분리배출요령

🚫 재활용이 안됩니다.

오염된 비닐

유색 스티로폼, 스폰지

과일포장용 완충재

컵라면 용기

음식 포장용
일회용 용기

색깔 코팅된
일회용 그릇

그림 등이 인쇄된
스티로폼

전자제품완충 스폰지
(설치회사에서 수거)

• • • 오염물질 제거 후 배출하세요!

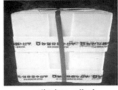
테이프 제거

택배송장 제거

아이스팩 등 제거

포장지 제거

• • • 식재료 중 음식쓰레기가 아닌 것을 철저히 가려내 다른 생활쓰레기와 섞이지 않도록 분리배출해야 합니다.

이쑤시개

패류 및 갑각류
껍데기(조개,소라)

단단한 껍데기
(땅콩, 호두, 밤)

핵과류의 씨앗
(복숭아, 살구, 감)

육류 및
생선 등의 뼈

차류 찌꺼기
(티백, 한약재)

닭, 오리 등의 털

양파, 마늘,
옥수수 껍질

알껍질류
(달걀,메추리알)

韓国

垃圾分类宣传页

알기쉬운 분리배출요령

💰 **종류별로 분리하여 다음과 같이 배출하세요!**

종 류	세부품목	배 출 요 령
종 이 류 ♻종이	• 신문지, 전단지, 종이박스, 책자 등	• 물에 젖지 않게 묶거나 박스에 담아서 배출 • 비닐 코팅된 광고지, 비닐류는 재활용 불가함 • 사용한 휴지, 1회용 기저귀 등은 일반 종량제봉투에 배출

종 이 팩
♻종이팩
	• 우유팩, 두유팩, 쥬스팩 등	• 내용물을 비우고 물로 행군 후 묶어서 배출
		• 묶어서 동주민센터로 배출시 화장지로 교환해드립니다.
		   200㎖ 100개 → 화장지 1롤
		   500㎖ 55개 → 화장지 1롤
		   1000㎖ 35개 → 화장지 1롤

병 류 ♻유리	• 음료수, 쥬스, 식료품 병	• 라벨 및 병뚜껑을 제거한 후 내용물을 비우고 색상별로 분리하여 배출 • 담배꽁초 등 이물질을 넣지 말 것 • 내열식기, 도자기류 등은 재활용되지 않으므로 쓰레기종량제봉투에 배출 • 빈용기보증금대상유리병(보증금액은 라벨 또는 병뚜껑에 적혀있습니다.) 병뚜껑이 부착된 상태로 소매점 등에서 보증금액 환불(개당 20~300원이하)
캔·고철류 ♻캔류 철 ♻캔류 알미늄	• 철캔, 알루미늄캔	• 내용물을 비우고 가능한 압축하여 배출 • 담배꽁초 등 이물질을 넣지 말 것
	• 기타캔류(부탄가스, 살충제 용기 등)	• 완전히 사용 후 구멍을 뚫어 내용물을 비우고 압축하여 배출
	• 공구, 철사, 못, 전선, 냄비 등	• 투명봉투나 상자에 넣어 배출
비 닐 류 ♻비닐류 OTHER	• 라면봉지, 과자봉지 등 분리배출 표시된 비닐포장재, 1회용 봉투	• 이물질을 제거한 깨끗한 비닐류만 따로 모아 배출 • 이물질(음식물 등)이 묻은 비닐은 종량제봉투에 배출
플라스틱류 ♻플라스틱 ♻페트 OTHER	• 플라스틱용기, PET병	• 내용물을 비우고 다른 재질의 뚜껑이나 부착상표 등을 제거한 후 가능한 압착하여 배출

**스티로폼
완충재**
	• 발포합성수지(스티로폼 등)
	 – 전자제품 완충재로 사용되는
	   발포합성수지 포장재, 농수축산물
	   포장용 발포합성수지 포장재
		• 내용물을 비우고 이물질(테이프, 택배송장 등)을 제거하여
		  투명 봉투에 담거나, 끈으로 묶어 배출
		• 건축용단열재, 음식물이 묻은 컵라면 용기나 일회용 용기는 제외

전 지 류	• 일회용건전지, 충전지 등	• 전지를 제품에서 분리한 후 배출 • 동주민센터 배출시 폐건전지 10개를 새건전지 1개로 교환해 드립니다.
형 광 등	• 형광등	• 포장재를 벗기어 깨지지 않도록 하여 재활용품 배출시 함께 배출 • 형광등 수거함에 배출

대형가전	• 냉장고, 세탁기, 에어컨, TV,
	  전자오븐레인지, 식기세척기,
	  식기건조기, 냉온정수기,
	  자동판매기, 공기청정기,
	  런닝머신, 복사기, 전자레인지
		• 대형가전 무상수거 서비스를 이용 1599-0903

소형가전	• 팩시밀리, 음식물처리기,
	  전기비데, 전기히터, 전기밥솥,
	  프린터, 가습기, 선풍기, 청소기,
	  노트북 등
		• 재활용품 배출시 집 앞에 함께 배출

의 류	• 의류	• 깨끗하게 세탁한 후 전용 수거함이나 재활용품 배출시 집 앞에 배출

RECYCLABLES ONLY

PLASTICS

- » Containers #1 thru #7
- » Bottles (leave on lids)
- » Milk jugs & laundry bottles
- » Dairy tubs & lids
- » Deli & berry containers
- » Clamshell plastic packaging

PAPER

- » Cardboard
- » Mail
- » Cartons (leave on lids)
- » Magazines
- » Newspaper & inserts
- » Office paper

METAL

- » Aluminum cans & pans
- » Steel & tin cans
- » Pots & pans
- » Empty aerosol cans
- » Small metal appliances

GLASS

- » Bottles – remove caps
- » Jars – remove lids

NO
- · Trash
- · Diapers
- · Electronics
- · Fluorescent bulbs & tubes
- · Tangling items (rope, hoses, loose plastic sheets, etc.)
- · Coffee pods

TOO MUCH CARDBOARD?

- » Option 1: Flatten all boxes, bundle into 3' x 3' squares, & set next to cart
- » Option 2: Take cardboard to drop-off site

CART RULES
- » Recyclables should be clean and dry.
- » Recyclables should be loose in the cart.
- » Keep cart lid closed when out for collection.
- » Cart should be placed 4 feet away from obstructions.

CITY OF MADISON STREETS DIVISION

- » Streets West, 608-266-4681
- » Streets East, 608-246-4532
- » streets@cityofmadison.com
- » www.cityofmadison.com/recycling

Recycle More. Recycle Right.

- ☑ Keep clean and dry
- ☑ Avoid bagging
- ☑ Keep cart lid closed

PAPER
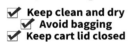
Magazines · Cardboard
Newspaper · Mail
Office Paper · Cartons

PLASTIC

Deli Containers · Bottles (lid ON)
Clamshell Packaging · Dairy Tubs
Containers #1-#7 · Jugs

GLASS

Bottles (remove caps)
Jars (remove lids)

METAL

Aluminum cans/pans · Pots & pans
Empty aersol cans · Steel tin cans

Learn More:
cityofmadison.com/recycling ● 2019 Recyclepedias at Public Libraries
608-246-4532 (East Streets Division) ● 608-266-4681 (West Streets Division)

What To Recycle

Metal, Glass, Plastic, and Beverage Cartons
Metal Cans, Aluminum Foil · Glass Jars and Bottles · Rigid Plastic · Mixed Metal/Plastic Objects · Beverage Cartons

Paper
Receipts, Mail, Office Paper, Folders · Newspapers, Magazines, Catalogs · Cardboard

Garbage
Plastic Film and Wrap, Plastic Bags* · Foam Products · Soiled or Coated Paper · Food Scraps** · Furniture

*Unless your business is covered by NYS Plastic Bag and Film Wrap law.
**Unless your business is covered by Commercial Organics law.

Textiles
If textiles make up more than 10% of your business's waste during any month, you are required by law to separate and recycle all textile waste, including fabric scraps, clothing, belts, bags and shoes. You may be eligible for a free NYC textile recycling program; visit nyc.gov/refashion.

Yard or Plant Waste
If yard or plant waste makes up more than 10% of your business's waste during any month, you are required by law to separate and recycle all yard and plant waste, including grass clippings, garden debris, leaves, and branches. This material must be set out separately from all other material.

Organics
Certain large, food-waste generating establishments are required by law to separate organic waste for beneficial use. Find out if you are covered at nyc.gov/commercial-organics. This material must be set out separately from all other material.

NOTE: Certain materials require special handling. To avoid violations, please review the complete list at nyc.gov/zerowastebusinesses

RECYCLING GUIDELINES

YES!

Clean & Empty
Replace lids & caps

METAL
Steel & Aluminum Containers and Foil

PAPER
Cardboard (flattened),
Office Paper, Newspaper, Magazines

CARTONS
May be acceptable in some programs, check with local authority.

GLASS
Containers: Bottles & Jars Only

PLASTIC
Containers: Bottles, Tubs, Jugs, and Jars Only

NO!

Put material in loose - Not in Bags

**No Plastic Bags
No Plastic Wrap**
(return clean to retailer)

No Big Items (Electronics, Wood, Propane Tanks, Scrap Metal or Styrofoam – check local authority for other options)

No Tanglers (Hangers, Hoses, Wire, Cords, Ropes or Chains)

No Clothing
Textiles or Shoes (donate)

No Food, Liquid, Diapers, Batteries or Needles

No Shredded Paper
(check with local authority for other recycling options)

These Guidelines represent the common items accepted in most recycling programs in Illinois. For greater detail on specific items or programmatic variations, reach out to your local authority.

For more detail, see the IEPA online resource at
https://www2.illinois.gov/epa/topics/waste-management/Pages/recycling.aspx

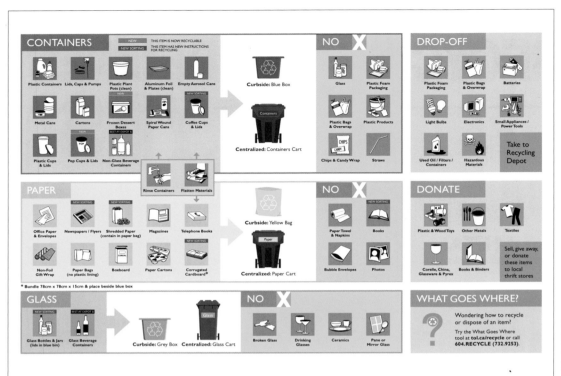

Mülltrennung   - was gehört in welche Tonne? -

Gelbe Tonne

Verkaufsverpackungen aus folgenden Werkstoffen

Aus Metall:

Konserven-, Getränkedosen, Aluschalen, -dosen, -folien, Spraydosen leer

Aus Kunststoff:

Folien, Folienbeutel, Becher von Milchprodukten, Styropor, Verkaufsschalen, Einwegbecher, Flaschen von Wasch- u. Körperpflegemitteln, Kunststoffflaschen für Lebensmittel

Aus Verbundstoffen:

Getränke- und Milchkartons, Vakuumverpackungen, Einweggeschirr

Hinweise:

Aluminiumfolien abtrennen, aber mit einwerfen, Alles sauber u. trocken

Nicht in die gelbe Tonne:

auch wenn der grüne Punkt aufgedruckt ist !

Glas, Papier, volle Spraydosen, Glas, Papier, volle Spraydosen, Spielzeug, Verpackungen mit Restinhalt, Sonstige Gegenstände aus Kunststoff (z.B Gartenmöbel)

Blaue Tonne

Briefumschläge, Broschüren, Eierschachteln aus Pappe, Illustrierte, Kataloge, Schreib- u. Computerpapier, Schulhefte, Verpackungen aus Papier, Pappe und Karton, Zeitschriften, Zeitungen

Hinweise

Alles trocken u. sauber, Karton u. Pappe zusammendrücken

Nicht in das Altpapier

Einweggeschirr, Fotos, Getränkekartons, Hygienepapier, Pergamentpapier, Kohle- u. Blaupapier, Spezialpapier

Biotonne

Küchenabfälle:

Gemüsereste, Essensreste, Obstreste, Kaffeesatz mit Filtertüte, Küchenkrepp, Papiertaschentücher u. -servietten, Teebeutel, verschimmelte Backwaren

Gartenabfälle:

Gras- u. Baumschnitt, Blumen und Laub, verbrauchte Blumenerde

Sonstiges:

Federn (kleine Mengen), Haare (kleine Mengen), Holzreste (unbehandelt), kompostierbares Kleintierstreu, Säge- und Holzspäne (unbehandelt)

Nicht in die Biotonne:

Asche, Fleisch- und Fischreste, Kot von Haustieren, Kunststofftüten, Lebensmittelreste in der Verpackung, Restabfall, Nicht kompostierbares, Kleintierstreu

Restabfalltonne

Aktenordner, Asche, Beschichtetes Papier, Besen, Bürsten, Schrubber, Dichtungsmaterial, Disketten, Kassetten, Fahrradreifen, Farbbänder, Farben ausgehärtet, Fensterglas und Spiegel, Filme, Fotos, Füller, Kugelschreiber, Geschirr (Porzellan/ Steingut), Glühlampen, Gummi, Schaumgummi, Hygieneartikel, Damenbinden, Isoliermaterial, Glaswolle, kleiner Hausrat, Kerzenstummel, Kippen, Knochen, Wurstpelle, Leder, Lumpen, Nicht entleerte Verpackungen, Reste von Bodenbelägen, Schallplatten, Schuhe, Spielzeug, Stifte, Staubsaugerbeutelinhalte, Tapetenreste, Taschen, Verbandmaterial, Pflaster, Wegwerfwindeln, Watte, Zahnbürsten

Schadstoffe gehören zum Schadstoffmobil. Termine und Standorte sind in der Presse veröffentlicht.

Pro Objekt werden die entsprechenden Tonnen bereitgestellt. Bei falscher Mülltrennung wird die jeweilige Tonne nicht geleert. Eine Nachsortierung ist sehr kostenintensiv. Zusätzlich anfallende Kosten werden auf die Mieter umgelegt. Wir bitten Sie im Interesse aller Mieter Ihren Hausmüll ordnungsgemäß zu entsorgen. Vielen Dank für Ihre Mithilfe.

生活垃圾分类指南

德国

常用垃圾分类说明

RECYCLING GUIDE

If in doubt of which bag to use waste. Use the bag for Remaining Waste.

PAPER

• light packaging cartons • newspapers • weeklies • periodicals • writing paper • mail advertising without samples • cereal packages • egg cartons • washing and rinse agent cartons • pizza cartons • shoeboxes • other light packaging cartons

NB **Because of the glue, envelopes are to be thrown away as Remaining Waste. You can also throw light packaging cartons here but not beverage cartons. Do not dispose corrugated cardboard here.**

BEVERAGE CARTON

All cleaned, light packaging carton that used for contains liquid: • milk and juice cartons • desert and source packages

NB **Large cardboard cartons for which there is no room in the bag can be delivered free to the waste reception facility or be left in the shop. Remember only beverage carton.**

REMAINING WASTE

Use a bag from your retailer. Remember to turn it inside out.

Waste not suitable for other bags: • diapers • dirty plastic • dirty carton • gift wrap • envelopes • plastic objects • vacuum cleaner bags • well wrapped china, ceramics, crystal • etc.

NB **Ashes must be cold and packed in three well tied bags. Electrical articles – see EE waste. Paint, varnish etc. – see Dangerous Waste.**

FOOD WASTE

• meal leftovers • fruit • vegetables • eggshells • flour and baking items • teabags • coffee filters • milk products • small amounts of kitchen towel and egg trays • small amounts of flowers

NB **Do not put plastic or garden waste in the food waste.**

PLASTIC PACKAGING

All plastic packaging: • plastic film • bags • bottles • containers • beakers • boxes • coffee bags

NB **Rinse the packaging in cold water – remove food remains. Plastic toys, toothbrushes and other plastic items are not to be put in this bag. Polystyrene go in residual waste.**

GLASS AND METAL PACKAGING

Containers are placed at different locations in the municipality - see the overview of waste depots. • non-deposit glass bottles • jam jars and other food jars • empty medicine bottles • all types of metal packaging (cans, tubes of Caviar i.e.)

NB! Wired glass and vehicle windscreens are not considered as glass packaging and are to be delivered directly to one of our Remiks Recycling Centres.

EE-WASTE

Electrical / electronic equipment such as computers, refrigerators, TV / PC monitors can be delivered free to the store that sells such equipment or delivered directly to one of Remiks Recykling Centres. EE-waste also includes: • electrical toys • light bulbs of all types • mobile phone • shavers • hairdryers • flashing kids trainers • etc.

GARDEN WASTE

Garden waste is sorted into two parts. **Part 1:** Twigs, branches, tops, trees and roots up to 30 cm in diameter can be delivered to Recykling Center on Remiks Miljøpark. Roots must be free of soil and rocks. **Part 2:** Grass, moss, leaves, soil, sand and stone can also be delivered, but the packaging used during transport must be removed (flower pots, bags, etc.)

FURNITURE

Usable furniture can be delivered to the second-hand shop at Remiks Miljøpark or any other second-hand shops. Non-usable items can be delivered to one of our Recycling Centres in Tromsø and Karlsøy.

DANGEROUS WASTE

To be placed in blue special waste containers or delivered directly to one of their Remiks Recykling Centres: • paint • varnish • glue • thinner • oil • fluorescent tubes • economy light bulbs • cleaning fluids • car battery • cell phone battery • button cell batteries • aerosol spray cans.
Empty paint cans or paint cans with dried paint are to be delivered to one of Remiks Recycling Centres.

NB! Use leak-free – and preferably – original packaging. If using non-original packaging it must be clearly marked with what the contents are.

HAZARDOUS WASTE

Used syringes you primary return to your doctors office or your health centre. Remiks only receive syringes in approved sealed containers. Medicine you may return to drug stores, to your doctor, your health centre, or to one of Remiks personnel operated disposal units. Remiks also accept dead animals (cadavers), but only at our desposal unit at Remiks Miljøpark in Ringveien 180.

REMEMBER DOUBLE KNOTS ON ALL BAGS!

RECYCLING STATIONS

Waste disposal points

Tromsøya

GLASS- AND METAL

- **Coop Prix Håpet**, WC-vegen 86
- **Coop Prix Myreng**, Myrengvegen 42/46
- **Coop Prix Stakkevollan**, Utsikten car park
- **Extra Bjerkaker**, Strandvegen 140
- **Extra Elverhøy**, Gitta Jønssons vei 2
- **Extra Hamna**, Ringveien
- **Extra**, Stakkevollvegen 321
- **Fagereng**, by the graveyard
- **Hjalmar Johansens gate 45**
- **Høyblokka Åsgårdvegen**, Åsgårdvegen 9
- **Kiwi Hamna**, Årevegen
- **Kvaløyvegen 103**
- **Prestvannet Studenhjem**, (E-block), Olastien 15
- **Rema 1000 Lanes**, Strandvegen 106
- **Remiks Miljøpark**, Ringvegen 180
- **Rødhettestien**, Rødhettestien 7
- **Statoil**, Fridtjof Nansens plass
- **Studentboligene**
- **Studentsamskipnaden**, Ørnevegen, by the laundry
- **Tunvegen**, by the post-boxes
- **Universitetet**, MH-bygget

The Mainland

GLASS- AND METAL

- **Amfi Pyramiden**, Tromsdalen
- **Andersdalen**, by Fossbakken
- **Coop Marked Lakselvbukt**
- **Eurospar Tromsdalen**, Anton Jakobsens veg 1
- **Fagernes**, by Ramfjord Handel
- **Kroken business centre**
- **Kyrre Westerlund**, Sjursnes
- **Olderbakken skole**, Sørfjorden in Ullsfjord
- **Oldervik**, between Nærkjøp and the pump station
- **Tomasjordneset**, by Eurospar
- **Vikran Marina**, Vikran

Kvaløya

GLASS- AND METAL

- **Austein Handel**, Brensholmen
- **Eide Handel**, Eidkjosen
- **Johs. Johansen**, Kvaløyvågen
- **Kattfjord school**, Kattfjord
- **Larseng**, by the convenience store
- **Rimi Storelva**, Storelva
- **Slettatorget**
- **Vengsøy ferry pier**, Vengsøy

Karlsøy

GLASS- AND METAL

- **Hansnes**, Ringvassøy
- **Hessfjord** by the container for cottage
- **Rebbenesøya** by the container for cottage
- **Reinøya** by the ferry port
- **Skåningsbukt**, Vannøya
- **Vannareid** by the school
- **Vannvåg** by the municipality house

RECYCLING CENTER TROMSØ

by Remiks Miljøpark, Ringvegen 180

You can deliver: Remaining waste • Garden waste • Paper and light packaging cartons • Cartons • Trees and roots • EE-waste • Dangerous waste • Plastic • Optical sorted waste • Glass • Food • Packaged food • Hazardous waste • Refuse shredder • Iron and metal

RECYCLING CENTER KARLSØY

HANSNES

You can deliver: Remaining waste • Paper and light packaging cartons • Cartons • Trees and roots • Garden waste • Metal • EE-waste • Dangerous waste • Glass

SKÅNINGSBUKT

You can deliver: Remaining waste • Paper and light packaging cartons • Cartons • Trees and roots • Garden waste • Metal • EE-waste • Dangerous waste

TEXSTILES

It is deployed cabinets for textiles on most of Remiks Return Stations. Two organizations are resonsible for this service. It is UFF and Fretex. These organizations have also deployed cabinets for textiles elsewhere in the municipality.

www.uffnorge.org
www.fretex.no

See our opening hours at **www.remiks.no** or contact us by phone **77 60 19 00.**

REMIKS

RECYCLING

NB!
No plastic or paper bags

Metal packaging

Emptied and dry metal packaging like beverage cans, cans from preserves, aluminium trays and foil, emptied spray cans , bottle caps, lids etc.

Collected metal packaging are recycled and turned into new packages, reinforcement bars or engine parts.

NB!
No plastic bags, magazines, envelopes or office paper

Paper/Carton packaging

Packaging that consists of at least 50% paper, like milk and juice cartons, cereal boxes, paper bags and cardboard boxes.
Empty, and fold together to preserve space.

Collected carton materials are recycled into new packaging materials or paper layers for sheet rock.

NB!
No paper bags, toys, tooth brushes or other non packaging materials.

Plastic packaging

Bottles, cans and trays from ready made dishes or meat, cling film and plastic bags, polystyren.

Collected plastic packaging is recycled into new packaging materials, crates or planks.

NB!
No plastic or paper bags, envelopes or cardboard.

Recyclable paper

Anything that you can turn a page in,like newspapers, tabloids, advertising pamphlets, mail order catalogues and phone books.

Collected paper is recycled into new newspapers and hygienic tissue.

NB!
No porcelain, ceramics, fluorescent lights or light bulbs, window panes, Chrystal or ordinary glasses, nor mirrors.

Glass containers

Recyclable glass containers like empty bottles and jars. Separate coloured and uncoloured glass.
Avoid breaking the glass.

Collected glass is recycled into new glass packages, insulation or as an additive in concrete

NB!
No plastic bags.

Batteries

Small batteries like button cells and batteries for phones, laptops and flash lights. Devices with built in batteries are electronic waste and should be recycled at the municipal recycling centres.

LUNDS RENHÅLLNINGSVERK

FOOD WASTE

Food waste is leftovers, cooked or raw.

Examples are: vegetables, peelings, fruit, meat, fish and other seafruits, eggs, bread, pasta, flour, dairy products, candy, coffee grounds and teabags etc.

-Wet waste like tea bags, coffee grounds and potato peelings should be allowed to drain properly before putting it in the paper bag.

-Keep the waste level below the dotted line. When it reaches the dotted line, close the bag and replace it with a new paper bag.

Nothing but food waste!
No: packaging materials, ashes, chewing gum, cigarette butts, snuff or other tobacco products, kitty litter, dog droppings, garden waste or plants and no soil, gravel or sand.
Nothing but food waste in the paper bag!

RESIDUAL WASTE

Residual waste is what's left when you have recycled food waste, news papers and packaging materials.

Examples of residual waste:
-cigarette butts, snuff and other tobacco products
-chewing gum
-music or video cassettes, CD and DVD's
-vacuum cleaner bags, house cleaning waste, broken plates and glasses
-diapers, sanitary pads, tampons
-hair brush, tooth brush, toilet brush
-envelopes, post-it notes, non recyclable due to the rubber glue
-pens, crayons, erasers
-kitty litter, dog droppings, small animal bedding (saw dust, straw and hay etc)
-popsicle sticks, tooth picks, Q-tips, cotton, band aids
-clothing, shoes

LUNDS RENHÅLLNINGSVERK

Lunds Renhållningsverk,
Traktorvägen 16
226 60 Lund, tel: 046 - 35 50 00
2013

日本垃圾分类的社会背景：环保、民主政治与日常美学

当垃圾分类在上海成为一桩具体的日常行为后，日本的垃圾分类成为首先拿来对比的对象。一方面，是日本文化中固有的"分类"传统，也就是对仪式、等级的天然重视；另一方面，日本自古对"清洁"或"净化"极其重视，令人联想起垃圾处理和清洁文化之间的一些关联。

然而，日本的垃圾分类制度背后，是日本半个世纪的社会经济进程。这种制度是国家发展过程中的产物，而不是一个单纯的抽象问题，只有透过日本的具体社会变化，才能看到其垃圾分类和环保活动的独特性。日本垃圾分类的故事要从日本战后建立的"五五年体制"开始说起。1955年，自由党和民主党合并为自民党，在选举中占据优势，一举夺魁，连续主导日本政局长达38年。这样的政党格局及后来所形成的经济局面，史称"五五年体制"。

"五五年体制"确立后的主要结果，就是日美同盟的牢不可破，以及日本经济的高速发展。经济腾飞带来的最直接的影响，是日本社会中日常生活的全面西化。对一般市民来说，经济的腾飞刺激了每个人的工作欲望。

而"五五年体制"的另一个结果，就是民主声浪。一系列针对"五五年体制"的抗议运动，进一步激发了民间运动。20世纪60年代的民间运动在国际上形成全面的"合唱"之声，青年亚文化兴起、反战运动等并行而出。人们追随各自的诉求，形成不同的团体，以民主运动的方式全面参与到日本的社会政治中，其中也包括环保组织。

2020年1月，日本横滨某居民区的垃圾放置点，图中为周三收集的塑料瓶、玻璃瓶和铝罐

童菲蔷　拍摄

日本的经济腾飞所付出的代价包括环境方面的损害，而这些损害直接影响到人的日常生活，比如从20世纪50年代开始，日本一些地方陆续出现环境污染引发的疾病。因此民间的环保声浪不仅是一种抽象诉求，也成为对日常生活的直接介入方式。

在20世纪60年代至70年代，环境保护已然成为日本市民生活中的重要问题，主妇阶层由于已具备了非常现代的介入意识，也开始以日常改善的方式表达对环保的诉求。这些诉求指向产品的生产方，包括呼吁消费者运动以及抵制不良商品等，同时也含有对垃圾循环利用的倡议。

大约从这个阶段起，日本的环境保护——或者具体为垃圾的循环利用制度，成为政府和民间组织互动过程的产物，但在1970年后，环境污染依旧在继续。可以说，一边在积极环保，另一边还在积极污染，反而构成某种很现代的"共谋"。

戈登在《日本的起起落落》中这样写道："事实上，假如环境受损，反而会刺激经济活动，如建造滤水厂或送污染受害者到医院治疗，这些产品与服务又会被看作'不断增长'的经济的一部分。"

2000年，日本推行《容器包装循环利用法》，各种商品包装上的分类标识成为日本垃圾分类最直观的体现。

日本的垃圾分类制度，可以说是环保问题、民主政治问题，也可以说是日常生活形态问题，甚至可以说是一个日常美学问题。

撰文　尤雾

参考资料：
[1] 尤雾. 垃圾再生｜日本垃圾分类缘何而起[EB/OL]. [2020-02-15].
    https://www.thepaper.cn/newsDetail_forward_3884343.

日本垃圾分类的"一少一多"

一说起日本的垃圾分类，大家最先想到的可能是"路上垃圾桶少"和"分类手续多"这两个事实。的确，这一"少"和一"多"，基本概括了日本在处理生活垃圾上最主要的两个原则。

随着日本战后经济复苏，城市垃圾问题也进一步加剧。一方面，对于垃圾焚烧场和填埋场的需求不断增大；另一方面，要确保垃圾在运输途中不对城市环境产生影响，需要更多对基础设施的投资。

进入经济高速成长期的日本，城市垃圾更是飞速增加。1960—1980年这20年间，日本的垃圾大约增加了3500万吨，增长了5倍，而政府试图在市区内新建垃圾处理厂的动议常因"邻避效应"（居民的反对）而中断，日本垃圾处理厂的空间不足问题，始终无法彻底解决。

在此急迫背景之下，日本各界终于意识到，要解决垃圾处理的危机，更关键的应对方案在于从源头减少垃圾产生。

1989年，东京23区的垃圾量达到最高值490万吨，填埋处理量为240万吨。到了2016年，东京23区的填埋处理量为35万吨，相比1989年，降低了85%。

为什么日本大街上垃圾桶"少"

在日本，城市中的道路、广场等公共场所，很少会设置垃圾桶，每个人必须把自己的垃圾带回家处理，这与日本的垃圾分类制度有关。

1975年，随着垃圾量不断增多，当地政府不仅缺少空间堆放垃圾，更缺乏足够资金来支付庞大的人工费。在政府和市民的协商下，大家提出，如果可以在垃圾被搬运和回收之前先进行分类的话，既可以减少后续工作量，又能通过资源再利用来制造收益。从这一年四月开始，居民们按照"可燃垃圾""填埋垃圾"和"资源垃圾"这三种类别来进行丢弃及回收。

20世纪90年代日本垃圾处理方式开始转型，静冈县的沼津市开创了以"可燃、不可燃和资源"三种类别为主的垃圾分类规则，因此被称为"沼津式"，并开始被越来越多的地方行政体采用。

同时，以G7东京峰会为代表的国际会议的召开，连同以1995年东京地铁沙林事件为代表的恐怖袭击，对城市公共安全提出了更高要求，

2020年1月，日本横滨某全家便利店内餐饮区垃圾桶从左往右依次为：
1）喝剩的饮料丢弃区；
2）可燃烧垃圾区；
3）塑料瓶和铝罐区。

童菲蕾　拍摄

单位：万吨

6000　5000　4000　3000　2000　1000　0

2016年度　填埋处理量为35万吨，与1989年度峰值时期相比降低85%

2008年度　在全区实施废塑料的燃料再生处理

1999年度　正式开始使用垃圾站进行资源回收

1996年度　事业类垃圾全面有偿化

1996年度　整备可燃烧·不可燃烧·大件等所有垃圾的中间处理体制

1991年度　大件垃圾有偿化

1989年度　23区垃圾量峰值
垃圾量　490万吨
填埋处理量　240万吨

2016（年度）　2010　2005　2000　1995　1990　1985

图例
- 23区的垃圾量
- 23区的焚烧处理量
- 23区的填埋处理量
- 23区的资源回收量
- 全国的垃圾量

单位：万吨

600　500　400　300　200　100　0

23区的垃圾量·焚烧处理量·填埋处理量·资源回收量

东京23区的垃圾量变化
来源：东京23区清扫一部事务联合会

※1999年度以前数据引用东京都清扫局的统计资料

※23区的资源回收量是23区回收的废纸、瓶、罐、PET塑料瓶、塑料容器等的合计量。表示行政回收量和统一回收量的合计值。但1999年度以前的行政回收量是东京都回收份额，而2000年度以后则为23区回收份额。

※全国的垃圾量引用日本环境省资料

45

右页上：2020年1月，日本
武藏小杉车站的垃圾桶
从左往右依次为：
1）塑料瓶、玻璃瓶和铝罐；
2）报纸杂志；
3）其他垃圾。
车站有回收报纸杂志的垃圾桶，
因为很多人坐车时会看报纸
杂志，出站时顺手扔掉。
右页下：2020年1月，日本
东京国立站附近的便利店垃圾桶
从左往右依次为：
1）玻璃瓶和铝罐；
2）塑料瓶；
3）塑料包装；
4）碎纸和一次性筷子。
（右边两个一样）
垃圾桶上还写着："请不要将
家庭垃圾投放于此"。

童菲蔷　拍摄

使得作为"安全隐患"的城市公共垃圾桶逐渐减少，这也间接加速了垃圾分类制度的推进。

在今天的日本城市中，公共垃圾桶基本不存在。大街小巷各便利店的垃圾桶，原则上也只供来此购物的顾客使用。人人把垃圾带回家进行分类再回收的做法，基本成为日本全社会的共识。

分类手续"多"之新宿案例

以东京市区的新宿区为例，新宿基本按照"沼津式"的分类法，把垃圾分为"资源垃圾""易燃垃圾"和"金属、陶瓷、玻璃垃圾"（即不可燃）三种。

在新宿区，资源垃圾每周回收一次，后两种垃圾每周回收两次，必须在指定投放日的早8点前将垃圾放到规定的地方。在规定的时间和日期之外丢放的垃圾不仅不会被回收，还可能因为随意丢弃而受到惩罚。

此外，分类垃圾的丢弃方式也有讲究。比如在丢弃玻璃或塑料瓶时，居民需要对它们进行简单的清洗；在丢弃厨余垃圾时，有时也需要一定程度的干燥处理。

因为丢弃家具、家电等垃圾需要支付费用，市民们在购买时会更加精打细算，同时，也为回收和旧物再利用的产业发展提供了动力。

在新宿区，除了以个人或家庭为主体的垃圾分类和回收，10个以上的家庭还可以结成一个集体回收小组，与资源回收的从业者协商一个最便利的回收时间和方式。每年新宿区政府会根据回收小组的报告书，给回收小组发放两次奖励金，一般为每公斤回收垃圾6日元（约1元人民币）。这些奖金基本上会捐给町内会（日本的基层自治组织，类似中国的居委会），以筹办小区每年的祭典或其他集体活动。

撰文　小秋

参考资料：
[1] 小秋. 垃圾再生｜日本垃圾分类的"一少一多" [EB/OL]. [2020-02-15].
　　https://www.thepaper.cn/newsDetail_forward_2681422_1.

2019年 新宿区 家庭用 资源和垃圾的分类方法/丢弃方法

※详请请见手册面，请确认回收点后填好

请在指定投弃日的上午8点之前投弃至资源回收地点、垃圾收集地点。

※雨天及节假日（元旦假期除外）也收集可回收资源及一般垃圾。此外，如遇风雨天气，可能推迟可回收资源及一般垃圾的收集时间，或临时中止。

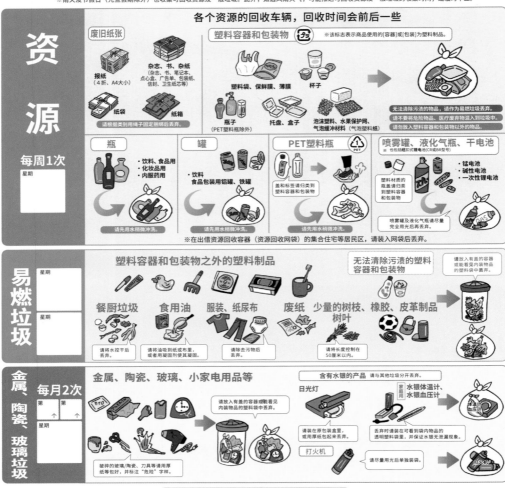

各个资源的回收车辆，回收时间会前后一些

资源 每周1次 星期

废旧纸张
- 报纸（4折、A4大小）
- 杂志、书、杂纸（杂志、书、笔记本、点心盒、广告单、包装纸、信封、卫生纸芯等）
- 纸袋
- 纸箱
请根据类别用绳子固定捆绑后丢弃。

塑料容器和包装物 ※该标志表示商品使用的[容器]或[包装]为塑料制品。
- 塑料袋、保鲜膜、薄膜
- 杯子
- 瓶子（PET塑料瓶除外）
- 托盘、盒子
- 泡沫塑料、水果保护网、气泡罐冲材料（气泡罐纸）

无法清除污渍的物品，请与易燃垃圾丢弃。
请不要将危险物品、医疗废弃物混入垃圾中。
请勿放入塑料容器和包装物以外的物品。

瓶
- 饮料、食品用
- 化妆品用
- 内服药用
请先用水稍微冲洗。

罐
- 饮料
- 食品包装用铝罐、铁罐
请先用水稍微冲洗。

PET塑料瓶
盖和标签请归类到塑料容器和包装物
请先用水稍微冲洗。

喷雾罐、液化气瓶、干电池 ※也包括纽扣式锂电池（CR或BR型号）
- 锰电池
- 碱性电池
- 一次性锂电池
塑料材质的瓶请归类到塑料容器和包装物
喷雾罐与液化气瓶请尽量完全用光后再丢弃。

※在出借资源回收器（资源回收网袋）的集合住宅等居民区，请装入网袋后丢弃。

易燃垃圾 星期 星期

塑料容器和包装物之外的塑料制品
- 餐厨垃圾：请将水控干后丢弃。
- 食用油：请将油吸到纸或布里，或者用凝固剂使其凝固。
- 服装、纸尿布：请除去污物后丢弃。
- 废纸
- 少量的树枝、橡胶、皮革制品、树叶：请将长度控制在50厘米以内。

无法清除污渍的塑料容器和包装物
请放入有盖的容器或能看见内装物品的塑料袋中丢弃。

金属、陶瓷、玻璃垃圾 每月2次 第 第 ↑ ↑ 星期

金属、陶瓷、玻璃、小家电用品等
请放入有盖的容器或能看见内装物品的塑料袋中丢弃。
破碎的玻璃/陶瓷、刀具等请用厚纸等包好，并标注"危险"字样。

含有水银的产品 请与其他垃圾分开丢弃
- 日光灯：请装在原包装盒里，或用报纸包起来丢弃。
- 打火机：请尽量用光后单独装袋。
- 水银体温计、水银血压计：丢弃时请装在可看到袋内物品的透明塑料袋里，并保证水银无泄漏现象。

请事先预约

大型垃圾（收费）
家庭丢弃的家具、寝具、自行车等一边的长度大约超过30厘米的大型垃圾，必须到大型垃圾受理中心预约。（如果大小和重量超过一定限度，可能无法回收。）

大型垃圾受理中心
预约请洽 http://sodai.tokyokankyo.or.jp/
shinjukuku sodaigomi uketuke 检索
☎03-5296-7000（星期一～六，上午8:00～下午19:00）

企业单位产生的大型垃圾需自行负责处理。大型垃圾受理中心对此类申请不予受理。若有需求请直接联络具有资质的废弃物处理公司。关于具有资质的废弃物处理公司，请在区政府网页"业务类垃圾"项目中检索。

家用空调、电视机、冰箱、冷柜、洗衣机、衣服烘干机
必须支付运输及再利用的费用。区内不能收集。
根据家电循环利用法，循环利用被规定为义务。
●如果要购买新品淘汰旧物，请咨询购入新品的销售商店。
●如果只是处理旧物，请咨询曾购入该物的销售店。
●如果无法将物品移交销售店，

请到电家电循环利用受理中心
互联网（24小时）https://kaden23rc.tokyokankyo.or.jp
shinjukuku kaden23rc uketuke 检索
☎03-5296-7200（星期一～六，上午8:00～下午17:00）

●如果要自行运输到指定接收点（区外），请向背面记载的清扫事务所、各清扫中心洽询。

东京新宿区垃圾分类宣传页

新宿区的垃圾量、处理经费

| 垃圾量和人口 | 每人 1 天的垃圾量＝垃圾量 ÷ 人口 ÷365 天 |

●2007 年度（人口为截至 2008.1.1）
  人口：310,206 人
  （含外国人登记 31,856 人）
  垃圾量：89,761t
  每人 1 天的垃圾量：792g

●2017 年（人口为截至 2018.1.1）
  人口：342,297 人
  （含外国人登记 42,428 人）
  ごみ量：71,455t
  每人 1 天的垃圾量：571g

| 处理经费 | **2017 年度** |

●垃圾（易燃垃圾、金属·陶瓷·玻璃类垃圾、大型垃圾）处理经费区内
  负担的从收集、运输到处理的经费。

大约
69日元/1kg

●资源化经费（每 1kg）　经费 ÷ 回收量
  从收集到再资源化的区内负担的经费。（回收过程中可出售时的出售金额已减去。容器包
  装再利用法范围内的那些商品还要包括再商品化经费（区内负担部分）。)

废旧纸张	瓶类	铝罐	铁罐	PET 塑料瓶	塑料容器和包装物

| 24 日元 | 100 日元 | 39 日元 | 101 日元 | 109 日元 | 187 日元 |

●集体回收 13 日元 /1kg 经费 ÷ 收集量

日本有关垃圾分类的法律法规

■《固定废弃物管理和公共清洁法》
（1971 年出台，2017 年修订）

■《资源有效利用促进法》
（1991 年出台，2001 年修订）

■《环境基本法》
（1993 年）

■《节能循环支持法》
（1993 年）

■《绿色采购法》
（2000 年出台，2001 年实施）

■《促进建立循环社会基本法》
（2000 年出台，2001 年 1 月修订实施）

■《容器包装循环利用法》
（2000 年实施，2006 年修订）

■《家电的再循环法》
（2001 年实施）

■《食品的再循环法》
（2001 年实施，2007 年修订）

■《建设的再循环法》
（2002 年实施）

■《汽车的再循环法》
（2003 年实施）

■《小型家电的再循环法》
（2013 年实施）

1991 年，大件垃圾处理开始有偿化。

1996 年，完善了所有垃圾（可燃烧垃圾、不可燃烧垃圾、
　大件垃圾等）的中间处理机制，事业类垃圾开始全面有偿化。

1999 年，正式开始使用垃圾站进行资源回收。

2008 年，开始实施废塑料的燃料再生处理。

韩国食物垃圾的分类回收

韩国自1995年颁布并实施"垃圾重量制"（根据丢弃的垃圾重量分等级收取垃圾处理费），1996年颁布并实施垃圾分类回收政策。自2010年，实施"食物垃圾重量制"以及食物垃圾分类处理制度，食物垃圾在各家各户被分离后，在各个垃圾回收点被集中，之后由政府或小区居民选定的专业回收公司，将食物垃圾回收并做成动物饲料或有机化肥。

如何分类

由于食物垃圾主要用来做动物饲料，因此根据食物垃圾的分类标准，只要考虑动物能否食用这些垃圾即可。而其他貌似属于食物垃圾的垃圾，如坚硬的果核以及骨头等，会损坏食物垃圾搅拌器，需要分离出来，同一般垃圾一起放入普通重量制垃圾袋中丢弃。

韩国垃圾分类中
不属于食物垃圾的垃圾

蔬菜类	小葱、大葱、水芹菜等的根，辣椒籽和梗，洋葱、大蒜、生姜、玉米等的皮、梗等
水果类	核桃、橡子等坚果的皮，桃子、杏、柿子等的核
谷食类	稻子的表皮
肉类	牛、猪、鸡等的骨头以及毛
鱼类	贝壳类、鲍鱼、海囊、生蚝等的壳，螃蟹、虾等甲壳类的壳，鱼骨
其他	鸡蛋等的蛋壳，各种茶的茶渣，中药的药渣

如何收集

食物垃圾的收集方式目前有三种主流方式。

第一种是加载通信系统的RFID计量回收方式，即根据居民丢弃的食物垃圾量精确计费（一般在130韩元/公斤），由于费用扣除的方式较直观，客观上会促进居民主动减少食物垃圾产生。

相关数据通过通信网络实时传输到管理终端，因此是一种政府可以实时监控和统计丢弃量的方式，但运营维护成本较高。以首尔附近的京畿道军浦市为例，全市一共240台机器，每年的运营管理费用为5000万韩元（约30万元人民币，即每台机器的运营成本为1250元人民币）。

第二种是采用计量桶加密封标签的桶装回收方式。密封标签就是待食物垃圾桶盛满之后，会盖上盖子密封起来，贴上标签，表示此桶已满，无法再装更多的食物垃圾。回收费用由整个小区的人一起平摊，收费包含在每个月的物业管理费中。以军浦市某小区为例，2018年1—7月，每家每月的食物垃圾处理费约为人民币4～6元。

第三种是居民自己购买重量制食物垃圾袋的方式。居民可以将食物垃圾装在这种垃圾袋里丢弃。

小区采用哪种食物垃圾的回收方式，主要看当地的居住形态。一般来说，有物业管理的小区，尤其是新建小区，一般采取RFID方式；老旧小区采取计量桶方式的较多，也有采取RFID方式的；类似独栋别墅的独立住宅区，一般采取重量制食物垃圾袋回收方式。

左上：韩国的电子计量式食物垃圾回收桶。其优点是便于计量和统计，异味小，但费用较高。
右上：韩国果川市某老小区的脚踏式食物垃圾回收桶。优点是费用低廉。但如果密封不好会有异味，且统计倾倒量时较为繁琐。此桶在每天的固定时间会由相应企业进行回收，回收后会进行冲洗，保持外观洁净。
下：前面是已经洗好待用的食物垃圾回收桶（右一）和正在使用中的食物垃圾回收桶（左边两桶）。后面的绿色垃圾箱用来丢弃分类后的一般垃圾，一般垃圾必须放入付费垃圾袋后方可丢弃。

上：2020年1月，韩国果川市
某新建小区的垃圾分类回收站
全景，门口带洗手池
下：2020年1月，垃圾分类回
收站内设施，回收内容包括：
玻璃瓶、塑料袋、易拉罐、电池、
废灯管、旧衣物、废食用油桶等

牟飞洁　拍摄

回收流程

食物垃圾回收过程一般如下：

（1）市民们在超市购买当地专用的食物垃圾回收容器或食物垃圾回收袋。食物回收垃圾袋比一般垃圾袋要贵不少，其原因在于垃圾袋费用实际就是处理垃圾的费用，处理食物垃圾要比处理一般垃圾费用高。

（2）家中产生食物垃圾后，必须将食物垃圾中的水分沥干，再放入家中的食物垃圾回收容器或回收袋中。

（3）将装满垃圾的容器倒入小区内专门的食物垃圾收集容器，或将食物垃圾回收袋在指定日期摆放在指定回收点。

（4）由地方政府或委托企业，使用专用的处理车辆将食物垃圾在凌晨或早上收走。

（5）垃圾回收用车上携带有食物垃圾桶清洗装置，会在收取垃圾时清洗小区内的食物垃圾容器，保持其外观整洁，不招蝇虫。

撰文　王奎明　牟飞洁

参考资料：
[1]王奎明，牟飞洁.垃圾再生｜食物垃圾分类回收，韩国有绝招[EB/OL]. [2020-02-15].
https://www.thepaper.cn/newsDetail_forward_2681355_1.

韩国有关垃圾分类的法律法规

▌《废弃物管理法》

（1986年12月31日制定，1987年4月1日实施）

▌《资源的节约以及循环使用促进法》

（1992年12月8日制定，1993年6月9日实施）

▌《垃圾手续费从量制》制度

（1994年4月试点实施，1995年1月全国推广实施）

▌《分类排出标记制度》

（2003年1月1日制定实施）

德国垃圾分类原则：谁生产，谁负责

德国垃圾分类的历史不算久远，20世纪80年代中期才真正开始。和上海一样，德国的垃圾分类也是强制性的。如今德国在垃圾分类方面立法严谨，责任清晰，垃圾处理遵循"谁生产、谁负责"的原则，企业不仅对生产过程中的废料处理负有责任，还要承担回收利用其商品包装物的责任。居民产生的垃圾也必须付费交由专门机构处理。

首先算经济账。德国居民投放垃圾（相当于上海的干垃圾和湿垃圾）均需付费。由居民或物业到市政垃圾清运公司开户，按垃圾种类、垃圾桶容量和清运次数支付费用。不同种类垃圾的收费相差非常大，不可回收垃圾的清运费用最高，而作为可回收垃圾之一的废纸，清运费用非常低廉。

德国基尔的居民垃圾清运收费标准

资料来源：
https://www.abki.de/
abfallentsorgung/
Behaelter-Gebuehrenue
bersicht.php.

垃圾桶种类及容量		一年费用
生物垃圾 （厨余和花草等，大致相当于上海的湿垃圾）	40升	64.80欧元
	80升	75.60欧元
	120升	86.40欧元
不可回收垃圾 （无回收利用价值的生活垃圾，大致相当于上海的干垃圾）	40升	75.96欧元
	80升	113.52欧元
	120升	162.24欧元
废纸 （书报废纸，包装纸盒和蛋盒等纸浆纸品）	120升	8.76欧元

另外，可回收包装物的回收不仅不收费，专用垃圾袋也免费发放——也就是著名的"黄色垃圾袋"。根据"谁生产，谁负责"的原则，使用包装物的厂商对包装物垃圾的产生承担责任。先由厂商在商品包装上使用统一的绿点标志，带有这一标志的包装物可装进统一制作发放的黄色塑料袋，由绿点公司回收再利用，其费用由厂商承担——当然，最终买单的应该还是消费者。

为节省费用，业主在与清运公司签订协议时，就会慎重考虑选择合适的容量，尤其是价格高昂的不可回收垃圾。同时，因为一年里垃圾清运的次数是固定的，人们也会努力控制垃圾总量。如果垃圾桶不够装，或临时产出大量垃圾，也可以向垃圾清运公司购买额外的一次性清运服务，但收费就比较高了。多住户的公寓楼或小区，管理者如果不能收取较高的公摊费用来购买大容量的清运服务，就只能尽量限制住户的垃圾投放。

那么，是否可以把不可回收垃圾悄悄塞到其他垃圾桶里蒙混过关呢？垃圾清运是定时、分类的，每次出车专门清运一种垃圾，如果生物垃圾或废纸中混入了不可回收垃圾，很容易被辨识。这样做的住户首先会收到贴单警告，如果限期内仍不改，清运公司会大幅提高清运费用，甚至放出终极大招：拒绝服务，任其被垃圾围困。如果是多户住宅，难以找到责任人，后果只能由全楼共同承担。因此，一旦出现这样的警告，全楼居民也会被迫行动起来，追根溯源，共同解决问题。

有偿清运意味着，扔垃圾并不是天经地义的事。对垃圾分类负有义务的是每个垃圾生产者，而市政部门是服务提供者，与前者签订协议，有偿服务。

撰文　俞宙明

参考资料：
[1] 俞宙明. 垃圾再生｜在德国，垃圾分类如何成为全民习惯[EB/OL]. [2020-02-15]. https://www.thepaper.cn/newsDetail_forward_3819020.

2020 年 1 月，德国波恩市的垃圾桶。分为 4 种，绿色为生物垃圾（Bio，类似上海的湿垃圾），黄色是可回收的包装盒（塑料、金属等），蓝色为可回收的废纸，黑色为其余垃圾（Rest，类似上海的干垃圾）。

孔洞一　拍摄

德国有关垃圾分类的法律法规

▍《废弃物处理法》

（1972年出台，2012年升级为《废弃物管理法》）

▍《循环经济与废弃物管理法》

（1996年实施）

▍《包装条例》

（1991年实施，世界上第一个关于包装
废弃物减量化及循环利用的管理法规）

▍《垃圾填埋条例》

（2005年6月1日起实施）

▍《电子电气设备法》

（2015年10月实施）

有机垃圾相关：

▍《生物质废物管理条例》

（1998年实施，2012年修订）

▍《有机肥管理条例》

（1977年）

▍《动物副产物管理条例》

（2004年）

▍《土壤保护管理条例》

（1998年）

2020年1月，德国波恩市的
垃圾堆放处，可回收物也可以
放在免费的"黄色垃圾袋"中

孔洞一　拍摄

东京的"垃圾战争"

日本城市垃圾处理事业的井然有序，无一不是挣扎与转型之后的努力换来的，发生在20世纪下半叶的东京"垃圾战争"，正是其中的典型代表。参与这场"战争"的各层级政府以及普通市民，都从自己的角度出发，试图形塑市政工程。

战争前奏：经济高速成长的明与暗

受到战争重创的日本经济，在经历了10年左右的短暂恢复期后，立刻进入高速发展的时期。但与大量生产、大量消费相伴而生的，则是大量废弃。

除了垃圾量的增长，垃圾种类的增加也不可小觑，其中最为显著的是不可燃垃圾的激增。在1971年，东京垃圾中只有三成可以通过焚烧来进行处理，而剩下的七成则要依靠填埋来解决。

彼时，东京各区的垃圾处理工作由东京都政府下辖的清扫局统一管理。20世纪50年代开始，清扫局意识到，市内现有的垃圾填埋场开始逐渐饱和，如果不开拓新的场地，便无法应对不断增加的垃圾量。为此，东京都政府在两方面展开行动。

首先，都政府1956年通过了《清扫工场建设十年计划》，并先行在大田、世田谷、练马和板桥这四个人口众多且以居住为主要功能的区内实现新垃圾处理厂的建设。其次，针对不可燃垃圾的填埋，东京都政府则确定了在江东区南部进行填海处理的方针。

1957年，东京都在江东区的梦之岛修建了第14号填埋场。但这一工程最终结果却不甚理想——这也导致都政府在1964年要修建第15号填埋场时，受到来自江东区政府和区内居民的强烈抵制。对此，东京都政府再次作出承诺，此后的垃圾处理会在各区分别进行。而这一不可能完成的承诺也为此后"垃圾战争"的爆发埋下了种子。

战争爆发：都政府、区政府、居民的三方角力

并非所有区的处理厂建设都能顺利进行。其中，位于东京西部的杉并区站到了风口浪尖上。

1966年，东京都政府将杉并区的一处垃圾处理工场的建设地选址更改为高井户地区，消息公布后立刻引发附近居民的强烈反对，处理厂建设计划被迫中止。

此外，垃圾搬运产生的交通堵塞、蚊虫丛生、空气污染，甚至是火灾，给江东区居民的日常生活造成重大困扰。江东区政府和区民也慢慢意识到，都政府关于垃圾填埋到1970年为止的承诺，根本没有实现的可能性。1971年9月27日，江东区政府终于忍无可忍，区议会通过决议，表明了反对其他区垃圾进入本区境内的决定。

第二天，东京都知事美浓部亮吉在都议会发表演讲，宣布了"垃圾战争"的开始。

1972年，都政府决定先从杉并区入手，解决垃圾处理设施的建设问题。都政府和杉并区的公务员以及居民，组成"都-区恳谈会"，围绕垃圾处理厂展开博弈。但同年12月，由于年末垃圾的季节性增加，东京都决定在全市设立8个临时垃圾收集所以应急，其中一个就设在杉并区。对垃圾处理问题十分敏感的杉并区居民们，立刻展开反对运动。12月16日，居民还与都政府的工作人员发生了激烈对抗。

目睹了这一切的江东区政府和市民们，对杉并区和都政府彻底不抱希望。12月22日，在区长亲自带领之下，江东区政府职员和居民展开了阻止杉并区垃圾入境的计划，杉并区内垃圾开始不断累积，蚊蝇、异味充斥街头。

翌年5月，杉并区的居民们又连续发动总动员，使得恳谈会三次流产。而江东区同样再次搬出了阻止杉并区垃圾入境的行动。

"垃圾战争"的最终转机发生在1973年10月。江东区准备第三次发动禁止杉并区垃圾车入境的行动，甚至威胁要把抵制范围扩大到东京全体。都政府一改过去的被动调停者姿态，开始主动介入战争之中。在杉并区反对派仍然拒绝之后，美浓部知事宣布，将用强制收用的手段来建立垃圾处理厂。在当时的日本，政府对利用公权力来征收私有土地的方法十分谨慎，反对者们立刻对美浓部知事的强制收用决定提出抗议。

最终，在东京地方法院的调节之下，杉并区的反对者与东京都政府在1974年11月21日实现和解。杉并区居民同意建设杉并垃圾处理厂。但该厂的设计以及利用决策都必须参考居民团体的意见。1978年，杉并垃圾处理厂开始动工，并于4年后的1978年正式竣工并投入运作。

战争后续：市政新思维

东京"垃圾战争"一共持续了8年时间，在这期间，东京都政府、杉并区和江东区的政府及居民都从自己的立场出发，试图影响市政建设，而"垃圾战争"对后续东京市政的影响也不可小视。

作为反对且最终失败的一方，杉并区居民们利用这次机会，把动员和市民参与制度化，成立了专门的公民组织，监督工厂的建设。在他们的要求之下，处理厂不仅修改了设计方案，还修建了一条专门用于垃圾运送的道路，把垃圾对居民的影响降到最低。此外，处理厂还帮助建立高井户居民中心等一系列公共机构，从而把处理厂运营的收益最大限度地反馈给当地居民。

而战争的胜利者——东京都政府，也意识到市政改革的重要性，特别是垃圾处理机制改革。在原本东京都政府对垃圾处理"大一统"的情况下，各区居民容易产生自己利益被牺牲的担忧，这并不难理解。而垃圾处理制度终于在2000年的都区制度大改革时得到调整。在新的体系下，每个区负责本区居民垃圾的回收和运送工作。而由23区联合成立的垃圾处理合作组织，则通过全东京21个区域处理中心，对可燃垃圾和大型垃圾进行预处理。最终，可燃垃圾的残骸和不可燃垃圾才交付于东京都政府运营的填埋场进行最后的填埋作业。这样的机制不仅保证了各区的独立性和能动性，也让整个垃圾处理过程变得更为有效。

撰文　小秋

参考资料：
[1] 小秋. 日本城市的垃圾战争 [EB/OL]. [2020-02-15]. [EB/OL]. [2020-02-15].
　　https://www.thepaper.cn/newsDetail_forward_1526710.

创建社会参与型
回收体系

西班牙的
废玻璃回收

在一般人的认知中，"废玻璃"毫无疑问是"可回收物"：啤酒瓶可以重新利用，回收玻璃也可以回炉再造；经过处理的碎玻璃可以被加工成玻璃粒，与不同材料结合，进而转型利用，如建筑材料等。然而在现实中，废玻璃属于低价值回收物，因体量大而不易存储，因重量大而运输成本高，因易破损而回收利润低，导致厂家和废品回收站的回收积极性低。

在中国，废玻璃的量相当可观，一年会产生5000万吨左右，然而废玻璃回收率仅为13%，远低于50%的世界平均水平。西班牙是玻璃回收做得最好的国家之一，玻璃制品的回收率高达72%，其玻璃回收的经验值得借鉴。

早在20世纪80年代，瑞士就以96%的玻璃回收率成为欧洲国家学习的榜样。当年的马德里市长在瑞士考察学习以后，获得灵感，开始在马德里街头摆放一种类似爱斯基摩人居住的圆顶冰屋状的玻璃回收桶——"冰屋"（Iglú）。目前，西班牙街道上共有218 146只冰屋造型的玻璃回收桶，每213个居民就共享一只。

"冰屋"由复合材料（聚酯纤维玻璃纤维）制成，4毫米厚，非常坚固。它的表面涂上一层涂料，提高了抗腐蚀性，可以应对不同天气带来的损害。"冰屋"的底部可以打开，夜晚垃圾车只需吊起回收桶，打开底部的开关，就可以清空玻璃，然后再放回原地。"冰屋"的圆形底部可以减少占地面积，而圆形的桶身则可以最大限度地容纳回收玻璃。

Ecovidrio是成立20年之久的玻璃回收组织，根据其提供的数据，2013年西班牙境内共回收了85万吨玻璃，其中酒吧饭店业主就贡献了69万吨。在街道上摆放大型的玻璃回收容器，非常适合西班牙这样的派对之国，既满足了居民的需求，也解决了酒吧等工商业主的烦恼。

最初，"冰屋"的颜色是白色的。之后为了倡导环保概念，把它变成了绿色。2014年时，以嘉年华著称的南部小城加迪斯（Cadiz）开始把各种五颜六色的图案印上去，使得玻璃回收桶看上去更加欢乐。

废弃塑料

常见塑料制品主要有：包装材料、周转箱、泡沫衬垫、快餐饭盒、玩具、容器、饮料瓶等。

切碎、熔融、成型，制造新的塑料产品

"社区货币"

提取特定成分，制成新的塑料产品

可口可乐塑料瓶　＝　环保袋

热分解制成油，代替化石燃料

气化为合成气，作为其它化工产品的原料或用来燃烧发电供热

H—C—H

废金属

常见废金属包括传统的废钢、碎铁、易拉罐及越来越多的电子垃圾。

通过火法富集、湿法溶解、微生物吸附法，提取金属元素

东京奥运会奖牌

电子垃圾

易拉罐手表

组装为新物件

回收品乐器

高温融化后，通过沉淀重铸成金属块和金属棒，用以加工电子零件

废玻璃

玻璃原片上切割下的边角料、生产废料、运输损耗以及日常生活中丢弃的玻璃包装瓶罐和打碎的玻璃制品碎片等。

玻璃灯具

重复利用/挖掘新用途

回收酒瓶

作为铸钢、铸铜合金等铸造用溶剂

通过回炉再造为新的玻璃制品或原料添加至玻璃制品中，实现转型利用

建筑玻璃砖

废纸

纸质垃圾有白色废纸、书芯、书籍和旧报纸、纸板箱、牛皮纸、混合废纸等。

经粉碎、脱墨、净化、再造，成为再生纸

牛奶盒

再生笔记本　再生卫生纸

主产品乙醇　联产品

H—C—C—O—H　＋

生成乙醇，同时生产高价值联产品如玉米油和高蛋白动物饲料

与其它有机物一起产生可再生的天然气

H—C—H

制备包装材料、瓦楞板

废木材

木板、木块、边角料、树枝、建筑模板等等。

作为造纸原材料

作为工业燃料

木刻灯座

制作成建筑立面、装饰品、艺术品等

建筑立面

加工制成木屑板、纤维板、家具或包装材料

旧纺织品

包括旧衣物、鞋靴、被褥、帽子、手提包等废旧资源。

直接穿用、出口、销售和捐赠

作为造纸原材料

生产生物乙醇加以利用

H—C—C—O—H

符合要求的化学纤维旧衣物重新加工成新的纤维后加以利用

包装

收纳箱

相册

    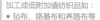 

加工成低附加值纺织品如：
- 毡布、路基布和养路布等
- 填充物或建筑材料
- 同质材料如抹布、鞋垫等

回收利用图　制图：胡婧怡

西班牙冰屋口号
"回收，我们受益"

来源：
www.ecoembes.com/es.

　　与此同时，每个城市都定期组织活动，加深玻璃回收桶在人们心中的形象。比如关爱乳腺癌活动期间，西班牙投放了一定数量的粉红色回收桶，并表示"每回收3只瓶子，环保组织就会向与乳腺癌抗争的女性们捐献1欧元"；举行网球公开赛期间，冰屋造型会改成网球的样子，还让西班牙国宝级运动员纳达尔（Rafael Nadal）为其代言。

　　根据调查，有53%的西班牙人称，在家附近50米内就可以找到一个玻璃回收桶。2017年，西班牙共回收了789235吨玻璃制品，人均回收量为16.9公斤。

　　撰文　唐奕奕

参考资料：
[1] 唐奕奕. 垃圾再生｜西班牙用"冰屋"回收玻璃，用"垃圾"奏响音乐 [EB/OL]. [2020-02-15].
　　 https://www.thepaper.cn/newsDetail_forward_2667908_1.

荷兰阿姆斯特丹的塑料再生

塑料因价格低廉又无法生物降解的特性，成为城市垃圾的重要成分。据美国《科学进展》杂志的最新数据，人类迄今已生产91亿吨以上塑料产品，其中有70亿吨成为垃圾，除了小部分被回收利用（9%）和焚烧处理（12%）之外，大部分（约55亿吨）被送入垃圾填埋场或弃于海洋。

荷兰近年制定了宏伟的环保目标，在2020年把生活垃圾的资源化率提高到99%。荷兰阿姆斯特丹市有三个从社区层面推动塑料垃圾分类回用的案例，或许可以为中国的实践提供借鉴。

"未利用的"（WASTED）项目：用奖励机制鼓励居民参与

"未利用的"（WASTED）项目是城市基金会（CITIES）于2015年起在阿姆斯特丹北区发起和运营的垃圾回收再利用项目，最开始仅回收塑料垃圾，后把纸张、纤维和玻璃也纳入其中。CITES基金会是一个位于阿姆斯特丹的独立机构，于2008年成立，发起人是两名从事都市研究的硕士生。

居民可以在线申请加入项目，成为"未利用的"邻里，开始对垃圾分类回收，并追随"未利用的"项目持续跟进。居民分类投放塑料垃圾后，即可获取塑料币（后改为数码币），可供兑换项目参与商家提供的奖励，比如咖啡、啤酒、自行车修理、按摩、瑜伽课程、就餐等折扣。阿姆斯特丹北区的店铺、商场以及文化机构都可申请成为项目参与商家。

随着参与的居民及提供奖励的商家日益增多，"未利用的"系统开始产生多项收益。一方面，奖励、鼓励人们更积极地进行塑料垃圾的分类；另一方面，此系统亦成为实现社会包容的有力工具："未利用的"系统可供所有人使用，使低收入人群也可从中获得实惠与福利，不会受到任何差别对待。

此外，"未利用的"团队还为教育投入甚多，举办一系列的研讨与宣讲活动，邀请居民共同设计与制作塑料物品，并发掘垃圾分类所蕴含的价值。

通过与当地居民和商家机构进行密切沟通，"未利用的"为垃圾分类确定了一份崭新的社会契约，让垃圾分类回收行动兼具经济和社会价值。

阿姆斯特丹西区：把塑料垃圾转变为社区货币

海滩设计实验室（The Beach）正在为阿姆斯特丹西区的怀尔德曼社区（Het Wildemannetje）开发本地工作坊。怀尔德曼社区的居民、商家和社区活动者都积极参与其中，希望形成垃圾循环利用方案，并产生一种崭新的货币/交换模式，以支持本地社区长期推行循环利用垃圾的实践。这一体系中使用的社区货币是由塑料垃圾制成，购买力由社区居民决定。

居民在注册后，把"项目启动包"带回家，其中包含项目基本信息、回收垃圾用的袋子和个人代码。接下来，居民可以在袋中装入回收的塑料、玻璃瓶和过期的面包，然后送到指定地点换取社区货币，1袋回收垃圾可兑换1枚社区货币。这些社区货币可在本地商铺购物，也可以替换为志愿者工作时长，或者为社区项目提供赞助。之后，社区货币通过店铺和志愿者重新分配。参与项目的商铺也会因出售可持续产品或为本项目提供折扣商品而得到社区货币。

回收塑料会被运送至生产制造地，经过注模和挤压后就能得到再生塑料块，而再生塑料块可用来制作新产品和社区货币。

居民掌握着其所在社区可持续发展的真正钥匙，但大部分情况下，居民在行使社区权利上受限甚多，而社区货币为居民提供了经济权力。

美丽塑料车间项目：让塑料垃圾美得无与伦比

该项目来自2016年阿姆斯特丹"美好城市"（Fab City）展览中的"美丽塑料车间项目"（Pretty Plastic Plant Project），由建筑师和设计师合作完成，把塑料垃圾制作成可用的建筑外立面材料。

他们所使用的塑料来源如下：本地居民分类回收的塑料垃圾、WASTED项目收集得到的塑料垃圾、临近校园的社区的居民收集的塑料垃圾。此外，Fab City的参观者还可以带来塑料垃圾以代替进场门票。

回收得到的塑料垃圾在塑料车间中被加工成建筑立面的建材。车间共有6台机器，按照颜色对塑料垃圾分类，随后进行清洗、熔化，并最终制成塑料板和塑料砖。他们用这些材料为阿姆斯特丹应用科学大学建造了4座休闲亭，成为学生喜欢的聚会和工作空间。

"美丽塑料车间项目"希望让每个人都知晓塑料垃圾乃是一种富有价值的原材料，再生利用可以使塑料重新变得美丽，并拥有更长久的生命。

阿姆斯特丹的三个塑料再利用案例表明，立足于本地的有效利用方式、激励人们广泛行动与参与、促进社会合作，才是实现垃圾资源化与减量化的根基。

撰文　相欣奕

参考资料：
[1] 相欣奕. 社会创新｜阿姆斯特丹让"塑料垃圾"美得无与伦比 [EB/OL]. [2020-02-15]. https://www.thepaper.cn/newsDetail_forward_1742111_1.

西班牙的回收音乐会

西班牙的环保组织Ecoembes组织了一支环保回收乐团，借助音乐来传播环保与回收概念。

项目的灵感来自巴拉圭贫民窟卡特乌拉（Cateura）的再生交响乐团。卡特乌拉是一个以回收垃圾为主的小村落。一位叫法维奥·查韦斯（Fabio Chavez）的环保工程师创立了用回收物做乐器的"再生交响乐团"，乐团所有乐器由这里的拾荒者用回收物手工制作而成。

2014年年底，西班牙的环保回收乐团正式开启。参加乐团者为10 ~ 20岁的青少年，每周上两次课，学习音乐相关的课程。如今，乐团已有15把小提琴、4把吉他、3把大提琴、1把低音提琴、5根长笛、2只萨克斯风和4种打击乐器。乐团每年会举行一次音乐会，凭借这些回收乐器，孩子们演奏了莫扎特、贝多芬以及披头士的音乐。

2019年1月2日，Ecoembes"回收音乐会"在马德里皇家歌剧院上演。"回收音乐会"每次演出，都会请到著名音乐家来合作。西班牙王太后索菲亚则是这个乐团的名誉主席。

如果连易拉罐都可以制造音乐，为什么那些旧的乐器不行呢？于是，那些原本被人丢弃的旧乐器也有了重新焕发生命的可能性。2014—2015学年起，马德里在两所公立学校设置接待中心，专门回收乐器。也有制琴师利用废弃的乐器，组织制琴工坊，带领学生制作回收乐器。

用回收物制作乐器

来源：
www.ecoembes.com/es.

回收音乐会表演现场

来源：
www.ecoembes.com/es.

当回收乐团的音乐在国家音乐厅、皇家剧院上演时，人们开始重新审视原本被扔掉的材料：扔掉的东西未必就是垃圾，好好利用，就可以赋予它们第二次生命。

正如西班牙环保回收乐团的口号："即使面对废墟，我们也能向世界奏响音乐。"

撰文　唐奕奕

参考资料：
[1] 唐奕奕. 垃圾再生｜西班牙用"冰屋"回收玻璃，用"垃圾"奏响音乐 [EB/OL]. [2020-02-15]. https://www.thepaper.cn/newsDetail_forward_2667908_1.

尼日利亚贫民窟：社会企业用包容性策略回收资源

尼日利亚的拉各斯有一个成功案例，利用社会企业将居民个体调动起来，缓解了城市垃圾问题，提供了资源回收量，还起到一系列积极作用。

尼日利亚的拉各斯人口稠密，约有60%的人口生活在贫民窟中，每天产生1万多吨各类垃圾，其中只有40%得到正式回收，13%能被回收利用，其余的垃圾都被堆放在各处。拉各斯贫民窟的垃圾管理问题也成了城市建设过程中的最大挑战之一。

为解决这一难题，当地社会企业家比利基斯（Bilikiss Adebiyi）于2012年发起"回收车队"（Wcyclers）项目，组织并鼓励当地低收入居民使用载货三轮车回收可利用的垃圾，进行分类后再出售给加工厂。由于拉各斯的垃圾回收利用公司缺少高质量的原料供应，"回收车队"项目的出现也恰好弥补了有效分类回收环节的缺失。

创始人比利基斯坚信，垃圾管理会对尼日利亚产生巨大的潜在影响，也希望贫民窟的居民能享受到市政服务，建立起社区网络。

"回收车队"项目还采用短信服务和垃圾回收奖励机制，以促进垃圾回收处理。居民需在回收三轮车队上门前将可回收物和垃圾分开，才能签约享受垃圾处理服务，而每公斤回收垃圾都能换取一定的积分，凭积分可兑换居家用品或生活必需品。

据估计，拉各斯的金属与塑料废品价值约7亿美元，"回收车队"项目利用低成本且环保的三轮车队，完成了市政垃圾回收车无法做到的垃圾回收工作。项目成立的两年内，雇佣了80余名当地居民，清理了525余吨垃圾，并获6500余户家庭签约。

目前，"回收车队"项目已获国际性认可，并赢得多个奖项。比利基斯也希望服务范围能扩展至尼日利亚其他地区，甚至遍布整个非洲。

"回收车队"项目的优势在于以下几点：

首先，可回收物的回收效果显著，收集垃圾所用的三轮车可以抵达缺少服务的社区，低成本且环保。

其次，每个签约家庭平均每月可收到10美元，相当于贫民窟居民区月收入的20%。

第三，创造工作岗位，不仅包含垃圾管理与收集的全职岗位，更带动了回收利用公司的员工就业。据计算，"回收车队"有创造50万个工作岗位的潜力。

第四，助力当地经济，如购买三轮车、使用研发软件处理短信流等，还为当地税收作出了贡献。

第五，增加当地就业和环保意识，开办讲习会。

"回收车队"已得到国家层面的支持，并与拉各斯废品管理局进行合作，改善垃圾回收服务，通过提供家庭垃圾回收服务，使低收入社区居民从垃圾中创造价值，增进社区凝聚力。

"回收车队"这一项目结合实际情况，为贫民窟居民建立了简单开放、易于操作的收入模式。而在中国城市高垃圾处理率的背后，是强大的财政支撑，如何将私营企业（社会企业）、拾荒者、社会组织和个人更积极地纳入资源回收体系中，需要更多的智慧和包容性的策略。

编译　杨泽坤

参考资料：

[1] 杨泽坤. 尼日利亚拉各斯：借由社会企业的工作，垃圾变黄金[EB/OL]. [2020-02-15].
　　https://www.thepaper.cn/newsDetail_forward_1502915_1.

可持续发展的
前沿探索：
食物共享的
全球趋势

根据联合国粮食及农业组织发布的《2019年粮食及农业状况》，2015年全球约有三分之一的食物被浪费，共计13亿吨。与此同时，有8亿多人口因缺乏食物而长期营养不良。

食物浪费的问题，包括对生产食物的土地、水、劳动和能源等资源的浪费。由于食品的生产和供应过程会释放温室气体，粮食腐烂的过程中也会产生甲烷，这也加剧了环境破坏。食物浪费同样影响到食品的供应链，包括食品生产者的收入降低、食品消费者的消费额增加、食品供应量的减少，等等。因此，减少食物的损失与浪费有利于保障食品安全和保护环境。

日本2018年度设计大奖（Good Design Award 2018）授予"寺庙零食俱乐部"项目。因为看到单亲母子饿死的新闻，日本知恩寺的和尚开始将信徒供奉神明的食品送给贫困单亲家庭的孩子们。4年多来，一共有975所寺庙和392个地方团体加入该项目，每月约9000个孩子获得援助。

这一项目与珍爱食物有关，在让人感到温暖的同时，也不禁让人思考：如何让食物得到应有的尊重并物尽其用？全球是否有更多可供借鉴的经验？

食物共享，强调共有食物、共同开展食物生产，以及共饮共餐。共享之物既包括原材料（比如作物），也包括产品（比如经过加工的食物制品或烹调器具）；既包括服务，也包括能力（知识和技能）以及空间（比如农园、厨房等）。

以下是一些具体的案例。

墨尔本：
食物公平
卡车计划

"食物公平卡车"（Food Justice Truck）是一个世界独有的零售模式，既为本地居民提供购买本地生产食品的渠道，同时也帮助寻求庇护者获得负担得起的新鲜食物。

　　该项目的初衷是为了解决维多利亚州持有过桥签证的1万人日趋严重的食品短缺问题。寻求庇护者由于无法获得政府福利和工作收入，一旦食品短缺，就很难走出困境。"食物公平卡车"是流动的新鲜食物市场，为那些寻求庇护的人以75%的折扣，提供本地采购的食物，如谷物、豆类、茶和面包。在两年半的时间里，共提供了超过25万美元的新鲜食物。

墨尔本食物公平卡车

来源：
https://www.asrc.org.
au/foodjustice/.

　　此外，"食物公平卡车"所销售的产品全部经采购而来。大部分水果和蔬菜都来自可持续食物批发商，主要销售那些因不够完美而被大卖场拒之门外的"自然等级"产品（nature's grade produce），这样可对本地务农者提供一定支持。

　　当然，"食物公平卡车"也按照当地的市场价格向普通市民出售食物。这也是为了鼓励不同生活境遇的人彼此了解。比如，鼓励万余名普通公众深入了解，寻求食品安全救助的人所面临的问题，并知晓申请保护的相关流程。

　　如果市民希望卡车能够开到某个社区、公共市场或社区集会地点，可以填写申请表，发送电子邮件预约。

　　项目依托大范围募集资金运行，有近千个组织或个人提供资助。但目前项目暂停运营。因为这一模式的可扩展性不足，无法为更多有需求的人提供服务。

伦敦：
社区食堂

"丰裕"（Be Enriched）是一家青年和社区慈善机构，位于伦敦南部，成立于2013年。这家机构相信，通过开展社区活动，培养人们对一饮一餐的尊重，可以把人们联系在一起，进而让本地生活变得更丰富。

该机构最初关注的是苏格兰和英格兰的弱势青少年的技能培训。他们在伦敦的杜丁（Tooting）开设了第一家社区食堂，让青少年犯罪者在那里进行志愿服务和体验式培训。运行3个月后，发现青少年犯罪者再次犯罪的概率有所降低，就尝试让他们加入社区居民，共同参加食堂的活动。这一经验表明，青少年犯罪者也需要得到关怀，人们需要社区食堂所提供的有安全感的空间。

社区食堂是为社区居民创建的第三空间。人们在此相遇、集聚，并在健康营养又温暖的用餐中交流和沟通。社区食堂欢迎所有人到来，各个年龄的人都有，交流话题也非常精彩。不仅如此，79%的社区食堂活动参与者表示，他们会与活动中遇到的人进一步交往，在用餐之外继续保持友谊，并相互邀请参加活动和家庭聚会。

社区食堂与超市、水果蔬菜销售商和市场合作，收取仍可使用的剩余食材，然后请当地厨师和志愿者来烹制美味的午餐或晚餐，向社区免费供应。目前伦敦南部有三个社区食堂：每周五开放的格拉维社区食堂（The Graveney Canteen）、每周二开放的巴特西社区食堂（The Battersea Canteen）和每周一开放的城堡社区食堂（The Castle Canteen）。

柏林：
食物分享
组织

"食物分享组织"（Foodsharing.de）于2012年在柏林创立，是一个非正式的非营利组织，致力于挽救那些即将被丢弃的食物。其宗旨在于，"在个人层面上促发教育、重新思考和负责任的行动"。

作为一个志愿者运营组织和在线物流平台，"食物分享组织"支持分散化的食物挽救以及点对点的食物共享行动。组织中没有付薪员工，全靠食物挽救者、店铺管理者、冰箱管理者、联络大使和网络程序人员提供志愿劳动来运营。

该组织也并无任何存储设施，食物通过个人及地方网络、公共冰箱以及虚拟的"食品筐"（即在线发布信息便于点对点的赠送）而进行分配。以公共冰箱为例，它们向任何人开放，可免费且匿名分享食物。这就降低了食物捐赠者和领取者的门槛。公共冰箱也不仅是分享食物的地点。它们还成为人与人相遇、产生联系的场所，以及鼓励宽容和慷慨的场所。

柏林公共冰箱

来源：
https://foodsharing.de/.

从城市共有物的角度来看，在诸如柏林这样的全球城市之中，社区需团结在一起，重新获取并共同管理一些城市空间，这些空间对抵挡城市空间绅士化的进程及创建更多的经济型住房有一定的积极作用。

换言之，城市共有物通常是通过冲突和斗争创立的。一旦这样宝贵的城市共有物出现，人们需要去做的就是去认可它。因此，城市共有物可与"城市权"（right to the city）等同。

新加坡：
食物银行

"新加坡食物银行"（The Food Bank Singapore）是注册于2012年的一家慈善机构，是全球食物银行网络的成员之一。

就新加坡而言，食物和餐饮开支平均占家庭支出的25%，然而2018年全年浪费食物就达约80万吨，相当于每年每人浪费140公斤食物。

食物银行的运作流程如下：

（1）生产制造商、零售商和经销商们为新加坡食物银行捐赠冗余的食物。这些食物是安全且可供食用的，但却因为临近保质期、标签/包装错误、条码不完整、囤积过多或细微的问题导致其失去了商业价值。

（2）"新加坡食物银行"为这些食物赋予新生命。在库房中，对食物进行分类和存放，随后配送交付给130余家受赠机构，由这些机构把食物发放到有需求的人手中。

（3）食物捐赠者可在仓库和设置于四个不同地点的食物收集箱捐赠食物。

"新加坡食物银行"与一名食品卫生顾问和一个实验室合作，开展一系列检测，确保食物质量满足分发所需的要求。食物银行还接受捐款，用于购买食物等。

此外，"新加坡食物银行"新发起一项"食物挽救计划"（The Food Rescue Programme），着眼于从餐饮机构挽救冗余的熟食。食物银行还

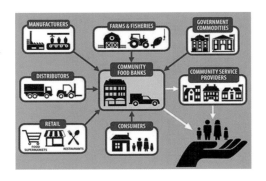

食物银行的运行模式

来源：https://www.foodbank.sg/.

拟在此计划之下设立一个中心厨房，用以烹饪、重新加热和打包食物，随后趁热由受赠机构分发到需要的人手中。

都柏林：
城市农场

都柏林城市农场是一座建设中的低碳少废的三层可持续农场，希望"利用本地的雨、本地的堆肥和本地的阳光种植出食物"。其理念在于，把消极空间转变成为社区带来收益的场所。

项目团队回收利用巧克力工厂艺术空间拆掉的屋顶，建成鱼、鸡、蜜蜂和马铃薯的生长之地，还在此开展探索并展示集中型都市种植技术，建造若干可容纳社群活动的设施，并组织传授技术的工作坊，包括食物生产、木工、节能系统、生态循环，以及社区自给自足的无杀虫剂种植的实践展示。项目希望达成健康的食物生产、邻里复兴和社区参与的目的。

城市农场也兼具教育中心的功能——一个农业学校，还成为"为自己种植食物"（Grow It Yourself）运动的中心，因为呼应了当今很多都柏林市民对于接触真实自然的需求。

农场中配备水培系统、种植桶、垂直作物生长床以及蠕虫塔，这些都是由回收再利用的材料制作而成。利用屋顶堆肥，减少废物量，致力于降低城市的碳足迹。

除了巧克力工厂，项目团队还在贝尔维德学院建起温室实验农场，探索和展示各种可持续的农业技术；在获准之下，也把学校屋顶开辟为农场空间，还在屋顶设置了四个蜂巢养蜂。学校农场全年为学校供应新鲜农产品，在学校内生产并在学校中消费。

上：都柏林城市农场，
种植设施全是由废料回收制作
来源：http://www.urbanfarm.ie.

下：都柏林贝尔维德学院城市农场
来源：http://www.urbanfarm.ie/
belvedere-college-urban-farm.html.

巴塞罗那：
社区农园

坎马斯迪（Can Masdeu）社区农园是成立于2001年的合作社，实行集体所有制，帮助人们设想不同的生活方式。人们分享知识、技能、土地、食物，并同炊共餐。

坎马斯迪社区农园倾向于达成如下共识。比如，充分尊重孩子的天性，让生活环境中的事物促成孩子个性的形成。此外，试图促成成年人之间的合作和对话，比如相互尊重、健康饮食、尊重生态环境、尊重自然限制、对待儿童时不滥用成年人立场。

坎马斯迪社区农园也培育起由本地人和国际到访者组成的社区。大家在劳作中传授和学习知识与技能，种植食物，建造家园。那些长期或短期的到访者，受到社区农园生活方式的感染，对有机农业和永续农业有了深入理解，也对公民参与社会变革、合作社和社区生活有了更直观的认识。

坎马斯迪社区农园的活动还包括：种植蔬菜，有机堆肥，实现植物和种子的自我管理；制作面包，养蜂采蜜，榨油，采摘水果，加工药草、橄榄和其他手工食品，酿制啤酒，养鸡并收获鸡蛋；用采集自森林的木柴和太阳能加热水和供暖；诸多器具和装置都是由回收材料自制而成，甚至能制作和维修自行车；对来自地下含水层的水循环进行管理，并一直努力恢复旧有灌溉系统（已有部分投入使用）。

坎马斯迪社区农园，顺应时节耕种收获，在食物的共同生产和享用之中，表达对充斥金钱、噪声、雾霾和速度的喧嚣、攫取式生活的抵抗态度。它不仅是食物生产的农园，更是开展社会创新的乌托邦或桃花源。

左：巴塞罗那 Can Masdeu 社区
农园中的劳作场景
来源：https://www.canmasdeu.net/.

右：巴塞罗那 Can Masdeu
社区农园中的议事场景
来源：https://www.canmasdeu.net/.

纽约："596英亩"项目

"596英亩"，代表纽约规划部门官方公布的布鲁克林全部空置土地的面积。2011年，项目创立者葆拉（Paula Z. Segal）公布了一张布鲁克林公共空置土地的分布地图。

之后，"596英亩"项目开发出一项社区土地使用倡导程序（a community land access advocacy program），帮助市民获得他们所需的信息和资料，从而参与到城市景观的塑造之中。

随着参与人数的增加，最初的在线地图转变为互动组织工具——"让纽约城的土地活起来"（Living Lots NYC），提供纽约空置地块的信息。

"596英亩"项目为市民提供工具，帮助居民在空置地块创建社区所需的绿色空间，并让这些活动成为社区组织和公众参与的焦点。该项目运用技术和政策方面的经验，为本地运动提供支持；激发居民的想象力，通过活动合法获取无法进入的空地的使用权；通过协作组织，帮助居民成为城市土地的积极管理者。

"596英亩"项目也改变了人们对社区土地的态度，扭转了居民的

上左："596英亩"机构主页上
呈现的纽约城中已开展食物种
植和具有种植潜力的公共地块
来源：http://596acres.org/.
注：绿点为空置的公共土地，
蓝点为私有土地上开展种植的
机会，红点为人们可以利用的
地块，黄点为人们正在组织种
植的地块。
上右："596英亩"项目，使用
"一米菜园"种植食物
来源：http://596acres.org/.

权力关系，帮助人们在共享土地上自行建立持续且充满活力的组织，推动自下而上的发展，从而对不平衡的增长加以扭转。这些行动弥补了政策与社区居民之间的隔阂，这是政府和其他非营利项目都未能实现的。

作为非营利组织，"596英亩"项目并没有专门的工作人员。几个网站作为数字资源存在，供社区和居民获取多年来积累的信息和开发工具，并实现社区空地种植的在线组织。

纽约：
厨房联盟

"厨房联盟"（League of Kitchens）是一个由来自世界各地不同种族和文化背景的女性组成的烹饪梦之队，她们欢迎人们进入自己家里，传授自家食谱，讲述自己的故事。每次体验都是开展交往互动、文化参与、烹饪技艺学习和品尝别致风味饮食的机会。"厨房联盟"致力于搭建跨文化联系和理解的桥梁，增加学习传统烹饪技艺的机会，并为移民提供所需的就业机会和培训。

申请成为"厨房联盟"的导师，需满足以下条件：移民女性，具有与众不同的家庭厨艺，同时还是善于启发与激励的老师，愿意向6位陌生人开放厨房，传授厨艺。在作为主人组织活动之前，导师会接受培训和严格的审查。

来自伊朗的马布（Mab）导师是一位妇女权利活动家，还是纪录片制片人和教育工作者。她相信，食物为人与人的联系和赋权提供了特殊机会，食物和行动主义及教育工作相同，是表达自己、与他人联系和理解他人的重要方式。

参与"厨房联盟"的活动，可以与素不相识的人一起，在导师的家中做饭、进餐、学习厨艺，分享文化和个人经历，结识新朋友。

"厨房联盟"的体验，让人们有机会通过导师的眼睛，打量移民社区和店铺，她们都是资深的家庭厨师和社区店铺的常客。在市场、肉店、面包店、香料店和家庭商店的停留，也让参与者亲身体验食材的采购，以及平常无法获得的街头巷尾的家长里短。

纽约厨房联盟中把
自家厨房向陌生人
开放的导师们

来源：https://www.leagueo
fkitchens.com/.

旧金山：食物回收网络

2011年，马里兰大学帕克分校的几个学生注意到，食堂很多剩余食物被丢弃到垃圾桶，他们自此开展行动，组建了"食物回收网络"（Food Recovery Network）。

在成立了"食物回收网络"分部的校园，学生志愿者从食堂中回收剩余食物并打包，放入冰箱中过夜，第二天将食物交送给"对抗饥饿合作伙伴"。具体过程因学校而异，实施细节也取决于学校食堂、所处区域以及志愿者的能力。

"对抗饥饿合作伙伴"指的是学校所在地区应对粮食不安全问题的非营利组织。如果在某个校园申请成立"食物回收网络"分会时，网络团队成员会提供合作伙伴名单。"食物回收网络"全国团队（FRN National）负责提供指导、定期检查、信息资源共享和咨询，还提供款项，以供各分部购买食物回收所需物料。

其实食物垃圾堆肥处理已经很完美，为何还要回收剩余食物供人食用呢？那是因为，食物最好的去处还是供人饱腹。美国国家环保局关于食物回收方式的排序中，有两种最优选方式：①从源头上减少浪费；②把剩余的食物回收送到饥饿的人手中。

"食物回收网络"目前有230多个分部、3000名志愿者，自2011年以来共有28000个小时的志愿劳动。参与劳动的大学生们，一起收集、运送和准备食物，他们越来越意识到，个人可以为对抗食物浪费和机会采取行动。年轻人开心地合作，他们的领导力和沟通力不断提升，并与社会建立亲密联系。

食物回收网络志愿者在
其所在大学的食堂回收
打包剩余食物

来源：https://www.food
recoverynetwork.org/.

旧金山：
食物转移

"食物转移"项目（Food Shift）由非营利机构运营，旨在与当地的生产供应商合作，把即将被浪费的水果和蔬菜回收、再分配和加工制作，降低食物浪费的有害影响，改善社区健康状况。

"食物转移配餐"（Food Shift Catering）是该项目下的一个社会企业厨房，为订餐客户（收费）以及食物无法得到保障的社区居民（免费）提供营养丰富的餐食。

"食物转移"的活动也暴露出背后隐匿的系统性问题：贫困和失业。

"食物转移"组织试图把食物回收服务部门转变为废物管理体系的一个延伸领域，同时也成为提供工作岗位的一种方式。通过与社会服务机构合作，对生活艰难的人提供培训和就业机会，比如出狱者、各种类型的成瘾者以及无家可归者。完善的食物回收部门一经建立，就可为需要工作的人提供工作，为需要食物的人提供食物，同时减少浪费。

"食物转移"活动鼓励人们以多种方式参与。项目通过网络发布计划和活动信息，提供减少食物浪费的建议；可提供丰富的工作机会、实习机会和志愿者服务机会；也欢迎捐赠，除了捐款之外，还可为配餐厨房捐献所需供应品。

根据2018年的数据，"食物转移"项目共回收、烹制和配送了67000磅（约30吨）食物；志愿者投入的劳动时间超过1500小时；每周为社区合作伙伴捐赠的食物超过3000磅（约1.36吨，以新鲜蔬果或烹制餐食的形式）。

食物转移厨房以回收的
水果和蔬菜为原料制作素餐

来源：http://foodshift.net/.

　　根据 2018 年的数据，"食物转移" 项目共回收、烹制以及配送了
67 000 磅（约 30 吨）食物；志愿者投入的劳动时间超过 1500 小时；
每周为社区合作伙伴捐赠的食物超过 3000 磅（约 1.36 吨，以新鲜蔬果
或烹制餐食的形式）。

撰文　相欣奕

参考资料：
[1] 相欣奕. 食物共享①｜墨尔本：从 3000 英亩垦荒到就近采摘水果 [EB/OL]. [2020-02-15].
　　https://www.thepaper.cn/newsDetail_forward_3620336_1.
[2] 相欣奕. 食物共享②｜伦敦：从对抗食物短缺，到工地菜园厨房 [EB/OL]. [2020-02-15].
　　https://www.thepaper.cn/newsDetail_forward_3694122.
[3] 相欣奕. 食物共享③｜柏林：从思考食物共享，到实践城市生态学 [EB/OL]. [2020-02-15].
　　https://www.thepaper.cn/newsDetail_forward_3830025_1.
[4] 相欣奕. 食物共享④｜新加坡：从可食花园到食物银行 [EB/OL]. [2020-02-15].
　　https://www.thepaper.cn/newsDetail_forward_3830285_1.
[5] 相欣奕. 食物共享⑤｜都柏林：从废物利用农场到草根营建花园 [EB/OL]. [2020-02-15].
　　https://www.thepaper.cn/newsDetail_forward_3893191_1.
[6] 相欣奕. 食物共享⑥｜巴塞罗那：从合作社到伙食团 [EB/OL]. [2020-02-15].
　　https://www.thepaper.cn/newsDetail_forward_4031474_1.
[7] 相欣奕. 食物共享⑦｜纽约：从空置土地种植到开放移民家庭厨房 [EB/OL]. [2020-02-15].
　　https://www.thepaper.cn/newsDetail_forward_4087511_1.
[8] 相欣奕. 食物共享⑧｜旧金山：收集与馈赠，对抗食物浪费和饥饿 [EB/OL]. [2020-02-15].
　　https://www.thepaper.cn/newsDetail_forward_4149393_1.

从英国到阿尔及利亚：食物再循环

英国家庭每年浪费的食物达到70亿吨，超市则会浪费11.5万吨食物。很多人意识到问题的严重性，因而英国涌现了一众对抗食物浪费的"食物再循环"的项目。

布莱顿镇的塞罗是英国首家零废弃餐厅，主厨道格拉斯把剩余蛋清用来调芝士酱，剩余面包皮用于做汤，而其余不可食用的部分亦可用来堆肥。

利兹的"真·垃圾"食品项目，每年"拦截"约1000吨本来注定要进垃圾桶的食材，通过"再循环"，分配给学校、"随意付"超市和餐厅，将人们不想要但还能使用的食材，流转到更多需要的人手里。

伦敦市中心的社区厨房为无家可归者和弱势群体提供由超市里的剩余食材制作而成的完整膳食。

"食物再循环"行动也发生在发展中国家。

阿尔及利亚的萨拉威难民都是游牧者，在沙漠中，他们找不到饲养动物的足够牧草，农业工程师研发的水培法让他们在保留游牧文化的前提下解决了问题。而约旦甚至用水培法来接纳叙利亚难民。

"食物再循环"行动的理念在于将食物流转给真正需要的人，而不是垃圾桶，并希望未来有一天，这些项目将不再被社会需要。

撰文　汤森路透基金会

视频链接：

英国零废弃餐厅
https://www.thepaper.cn/
newsDetail_forward_2691287_1.

"随意付"超市
https://www.thepaper.cn/
newsDetail_forward_2691323_1.

城市中心的社区厨房
https://www.thepaper.cn/
newsDetail_forward_2734094.

沙漠中的绿色
https://www.thepaper.cn/
newsDetail_forward_2746676.

上海老港生态苑的一处雕塑

澎湃新闻记者 周平浪 拍摄

3

垃圾分类的
上海实践

中国
垃圾分类
的起步

在中国,"垃圾分类"的概念早在20世纪50年代就已出现。1957年7月12日,《北京日报》刊载《垃圾要分类收集》,文章报道北京城区将全面实行垃圾分类收集,而分类重点在于垃圾的回收利用。

而今天理解的垃圾分类——对生活废弃物的分类收集、运输和处理,相关法规则最早出现于1992年6月28日,由中华人民共和国国务院发布的《城市市容和环境卫生管理条例》。

2000年,中华人民共和国住房和城乡建设部通过《关于公布生活垃圾分类收集试点城市的通知》,确定北京、上海、广州、深圳、南京、杭州、厦门、桂林八个城市为"生活垃圾分类收集试点城市",自此中国垃圾分类的地方试点工作正式开始。

然而,为何垃圾分类在十余年间仅仅停留在试点阶段?住建部环卫工程技术研究中心副主任徐海云认为,垃圾分类"屡战屡败"的根本原因是,以往我们没有明白垃圾分类的目标与途径,我国的废品回收再利用系统和环卫系统也因此难以实现有效衔接。

关注垃圾分类的学者们认为,政策碎片化、难以实现地区统一、分类标准粗放化,无法养成正确分类习惯、参与主体被动化、管理系统分割化和政策工具单一化,共同导致垃圾分类工作长期难以向前。

至此，中国垃圾分类的政策方向开始转为强制推行。

2016年6月，中华人民共和国国家发展和改革委员会、住房和城乡建设部发布《垃圾强制分类制度方案（征求意见稿）》，首次提出实行"垃圾强制分类"的概念。

2017年3月18日，国家发展改革委、住房和城乡建设部颁布《生活垃圾分类制度实施方案》。

2019年6月，住房和城乡建设部等9个部门印发《关于在全国地级及以上城市全面开展生活垃圾分类工作的通知》，要求到2020年，在46个重点城市基本建成生活垃圾分类处理系统；到2025年，全国地级及以上城市要基本建成垃圾分类处理系统。

撰文　邱慧思　冯婧

参考资料：
[1] 刘毅. 业内专家：提速势在必行[J]. 科学大观园，2019(14).
[2] 范文宇，薛立强. 历次生活垃圾分类为何收效甚微
——兼论强制分类时代下的制度构建[J]. 探索与争鸣，2019(8).

自发的
垃圾分类：
民间废品
回收体系

自改革开放以来，大量农村剩余劳动力涌向城市谋生，来自河南、河北和四川等地的农民开始在北京依靠回收废品为生。20世纪90年代初期，这些农民工慢慢成为北京废品回收的支柱。2014年，北京废品回收从业人员达到历史巅峰，近30万人。而到2017年，这一行业遭遇了前所未有的寒冬。

废品回收链条

北京废品回收和再利用的链条主要分为三个阶段：社区回收、精细分类和集中再生利用。

1. 社区分类回收参与者

北京城内的废品回收者可大致分为三类：

第一类是分离混合垃圾的废品回收者。这其中又可分为两种：第一种承包了某居民区或商业区的垃圾收集，从混合垃圾中将可回收利用的废品二次分拣，如果收集的废品在混合垃圾中占比较大，还需向管理者缴纳费用；第二种则主要通过三轮车搬运或装袋的方式从街边或景点的垃圾桶里获取废品。然而，从混合垃圾中分离的废品在总体回收量中占的比例逐年下降，目前仅占2%左右。

蹬着板车的流动收购者

陈立雯　拍摄

第二类废品回收者主要骑着自行改制的电动三轮车，游走于社区街道，进行废品买卖。他们往往在熟悉的区域里活动，与周边居民相识，每天从早到晚走街串巷，即时买卖废品，就地分类装车，在傍晚时将这一天的废品卖到回收市场。这些或流动或固定的三轮车回收者通常不受基层管理的约束，但有时会受到城管的干涉。

最后一类是固定在一定社区或街道回收废品的人，回收量高于前两类人，运输工具往往是四轮卡车。经营回收点需要两人，一人负责看守站点、对接卖废品的居民；另一人骑车上门回收废品量大的单位。这一类回收的废品范围广泛，但也需要向物业、居委或回收公司缴纳费用。他们大多在同一处地方多年，是回收网络中的一个中心点。有时，第一类废品回收者也会将废品卖到这里。固定的废品回收点不仅买入废品，也会向居民或"二道贩子"出售二手物品，如家具、电子产品等，由此使得二手物品进入二手市场。

北京废品回收者的日回收量几乎可以达到1吨。除了辛劳外，这一工作也有一定的技术含量，比如，判断不同的材质以给出合理的价钱。他们往往也与社区居民相熟，赢得了居民信任。

2. 废品回收交易与精细分类市场

从社区回收的废品，除一部分进入二手市场外，几乎都进入北京城中村的废品回收市场，进一步为再利用做准备。截至2012年，北京拥有规模不一的回收市场约200家。市场主要分两大类：一是经分解再利用的一般废品；二是电子废物拆解。

废品回收市场一般由个人或公司承包土地，分割成多个摊位，分包给负责某种废品的个人。比如，上百家摊位中，有的专门回收废纸，有的回收塑料或金属，还有的回收衣服和木头等，但市场管理者对同类废品收购摊位有数量限制，以防止不正当竞争。摊位大多有一两间小矮房，用于居住，建筑以外的空间则用来存放废品、进行分类。

由于废品回收者的工作大多在傍晚结束，所以回收市场交易一般在下午6点到凌晨最为繁忙，高峰时期常出现废品车辆排长队的现象。

回收市场工作者每天要完成前一夜交易得到的废品回收工作，许多工作者只需通过肉眼或敲击的声音就能判断出材质。而金属摊位除分类外，需将金属压缩成块便于运输。经分类后，废品或被运输到下游再生利用企业，或在摊位上被买走。由于长期经营，他们与废品回收者和再利用企业都有密切的业务往来。

随着北京城镇化的发展，废品回收交易市场的位置在不断变迁。近几年来，一些五环外的市场正在消失，每拆一座市场，就有约20%的人离开废品回收行业。

左：北京北部2004年左右建设的一个回收市场布局。

右：2012年，拆迁后的北京市东小口市场。

陈立雯　拍摄

3. 下游再生利用

北京的废品经过收集、精细分类后，运往外省再生利用。其中，硬软塑料在河北进行处理，废纸则运往河北和山东，金属类也送到河北周边的冶炼厂。

20世纪80年代后，再生利用也由家庭作坊式企业完成，从而造成诸多水、空气和土壤的污染。毫无疑问，这应该得到重视和治理，但一刀切式的强制关停无法从根本上解决问题，从现实出发，在原有体系下做好污染控制管理才是根本出路。

来自河南固始的废品回收大军

在北京近30万从事废品回收的人群中，90%以上来自河南省固始县的多个乡镇。自20世纪80年代起，由于基本的农业种植无法满足生存需求，固始人纷纷外出打工。在最初一批人依靠回收废品在北京立足后，其他人也纷纷跟随效仿。

刘叔叔来自固始县何寨村，是20世纪80年代第一批进京的人，过去的30年间，他把自己的亲属和下一代都带去北京从事废品回收行业。整个何寨村，约80%的人以在京以回收废品为生。

随着北京废品回收行业的生存空间受到挤压，2017年起回到固始的人逐渐增多。然而，许多正值壮年的回收者不愿就此停下，即使被迫离开这一行业，也仍在等待回到北京继续回收废品的机会，或是在县城周边寻找就业契机。

许多像刘叔叔一样上了年纪的人从北京返乡后，选择在县城给晚辈陪读。他们回收废品的收入大多投在下一代的教育上，因为"不希望孩子重复自己的老路"。因此，固始县的教育行业也得到迅猛发展，这也助力了教育水平的提高，每年都有70%的高中毕业生考入大学，其中不乏北大、清华。孩子们毕业后在京有了更多的就业机会和选择，而不必再从事废品回收行业。

固始人为北京的资源回收行业贡献了约20万劳动力，而下一代继续从事废品回收行业的占比不到30%。一旦现有的废品回收大军从岗位上退下，北京市将会面临废品回收劳动力不足的情况。

张先生的20年：回收价格下行，生存空间萎缩

张先生是河南固始人，2000年来到北京从事废品回收，见证了20年来这一行业的变迁。他和家人主要在大羊坊村进行回收工作，但由于废品回收市场受到挤压，他们过去几年中经历了数十次搬家，2017年11月的巨大震荡后甚至搬到六环以外。

随着废品回收市场的拆迁，许多废品的价格也直线下滑，原来单价3元/公斤的混合塑料只能卖0.5元/公斤，废旧家电拆解后的铁皮也从原来的1.8元/公斤降为0.7元/公斤。巨大的差价导致"张先生们"只能降低向居民回收的价格。相较于2008年，回收废旧家电的价格下降了一半左右。

谈起20年来的变化，张先生回忆道，最为动荡不安的是初到北京的几年，收容遣送制度和执行者联防队常常向废品回收者们出击，遣送、收容，甚至是同行的趁火打劫、偷盗在这几年中成为许多回收者的噩梦。直到2003年收容遣送制度取消后，张先生才得以过上相对平和的生活。

张先生一天收到的所有废品，废纸、纸箱、塑料和少数金属类废品分类装车。

陈立雯　拍摄

目前，张先生及其家人已经融入北京城的生活，但他已不再对废品回收行业保持乐观态度，后端市场的拆迁导致许多废品无处可去，废品价格一再跌落，许多资源都被当作垃圾处理。

过去三四十年间，许多像张先生一样的拾荒人为北京废品回收作出了巨大贡献。"我们一样依靠自己的双手劳动，老了没有任何保障，连生存空间也没有了。"这是他发出的感叹。

北京废品回收的历史脉络：李爷爷的故事

85岁的李爷爷参与见证了北京70多年的再生资源回收历史：自1947年跟随亲戚到北京从事物资回收工作，他一步步从拾荒人，到废品回收站的收购员、采购员，最后成为国营物资回收单位的管理层，是新中国北京废品回收行业的重要组成力量。

1949年前，北京的回收行业大多由小生意人和拾荒者组成，不存在组织管理的部门。而到1956年后，原先的小生意人组成了合作社，成立废旧物资回收公司，由政府组织土地的使用，有了专门的经营管理制度，各级公司、站点都有回收任务。

李爷爷所在的回收站，除废品收购外，还要进工厂宣传政策和分类利用的标准；而对接的大型单位也有专人管理废品，通过买卖的方式，单位对单位转账。工厂内的废品大多是下脚料。据统计，当时企事业单位废品产生量最多，家庭产生占20%左右。对于家庭废品回收，收购站一般几人一组上门回收。为防盗窃，非生活来源的废品还需出示户口本登记。

当时的废品回收站中，男女分工合作收购和分类打包，废品分类后与下游企业签订合同，移交后续处理。

20世纪80年代以前，废品回收的种类和后续处理都与今天不同。如：玻璃瓶收购后经清洗和消毒便投入使用，而不是回炉；有色金属由专门的库房回收，将不带杂质的金属交给首钢等钢铁厂；胶鞋则送到橡胶厂处理；塑料能划分10多类进行收集；头发亦有专门的回收渠道。

据李爷爷的回忆，计划经济时代，废品回收的价格往往是统一的，不同种类废品的价格明细清晰，而且不允许私人随意收购废品，公安局还会定期到库房查账。

当时废品回收者的地位与现在相似，社会地位不高，却能通过努力工作逐渐提升待遇，加入国家建设，甚至纳入国有回收体系。然而，现在的拾荒人却饱受限制，无法充分发挥作用。城市管理者能否以史为鉴，吸收近40年的废品回收力量，共同缔造再生资源的高效回收体系，关系着整个城市的发展。

上：20世纪70年代的垃圾回收
宣传海报
来源：Joshua Goldstein

下：20世纪60年代的废旧物资
收购目录
来源：Joshua Goldstein

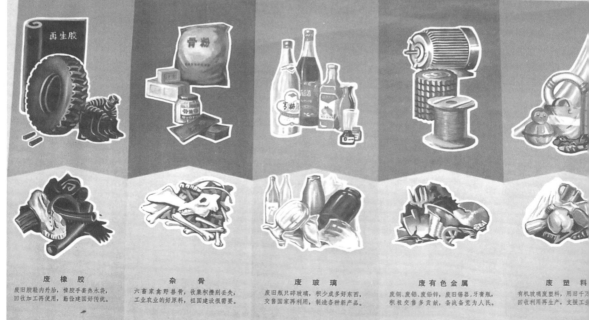

现有回收体系中的难题及契机

20世纪80年代后，在北京建立的民间回收网络一直以市场为主导。自2008年金融危机后，废品回收遭受重创，2014年后情况恶化，废品价格滑落后再未提升。

1. 城镇化进程中不断被挤压的空间

以社区回收环节为例，北京的城市政策变化和废品市场变化给以收废品为生的人群带来极大挑战。一是近年再生资源价格的下跌，导致回收市场萎缩；二是北京劳动密集型产业的压缩和外迁，废品回收产业被列入禁止建设的行业，导致其生存空间不断被挤压。

从2014年下半年到2016年，前端社区回收者已有近一半离开这一行业；而废品固定回收点在废品产生量不足的情况下，也有部分消失了。

对承上启下的废品回收市场来说，除受回收价格的影响，还面临着北京城市发展的威胁。2012年后，北京五环外建于2000年后的综合废品回收市场大多被拆迁，至2016年夏，五环到六环间所有市场都没逃过这一劫。

同样，废品再生利用环节也无一幸免。近年，北方地区为治理空气污染而关停大量作坊式企业，包括废品再生企业，同时却没有相应的替代经营方式出现，使得再生利用环节被切断，前端产生和回收的废品无处可去，价格再次被压低。

以上所述困境导致的直接后果是：大量有回收价值的废品价格过低，无法回收，只能作为垃圾进行填埋或焚烧。

2. 废品分类回收意识的变化

中国之所以能拥有较高的废品回收率，原因之一是民间废品回收网络的存在，之二则是居民有较强的废品分类意识。然而近年前者的萎缩，直接影响居民的废品投放方式，致使居民不再将废品分离转卖，而是直接混入垃圾中，这也使得北京的整体回收率下降。近几年，北京垃圾的增加量中有6%是可回收利用的废品。

长远来看，这一变化不仅导致回收量减少，更导致下一代居民垃圾分类意识的缺失，这与提倡垃圾分类的愿景背道而驰。要扭转废品分类回收的困境，就必须面对现有民间回收体系的困境，让富有经验的废品回收人群发挥其优势。

契机：垃圾分类管理和民间回收体系的融合

在新的垃圾分类管理形势下，过去几十年形成的废品回收体系应被充分吸纳，而不是排除在外。

目前垃圾管理系统中，垃圾桶里的垃圾和"可回收物"并不属于同一管理体系，前者归属环卫部门收集清运，后者则归商务部门管理。因此，丢弃在垃圾桶内的"可回收物"很难得到回收处理，可能作为垃圾被填埋焚烧。因此，近年出现了"两网融合"的概念，即环卫体系和再生资源回收体系的结合。这对解决废品回收行业的问题来说是一个重要契机。

20世纪50年代的废品回收经营者在改造过程中被充分纳入国有物资回收体系，而如今，民间回收体系和人群却被忽视了。抛开原有体系进行重建十分不明智，而且浪费人力、物力、财力。

对于两网融合中如何完善废品回收环节，有如下建议：

在政策设计上吸纳现有民间回收网络，保障回收人群在链条上开展工作；

解决中后端精细分类与再生利用环节中土地使用的困局，将其作为市政基础设施用地；

对于大量再生价值低的垃圾，从政策上可以禁止其销售使用，对于回收价值高的废品，可以设计更合理的回收利用方案。

而对于再生利用环节的问题，由于涉及加工产业布局问题，更需要城市层面出台因地制宜的政策。总之，政府相关部门不应压缩原有废品回收体系的生存空间，而应投入更多精力保证其运行，使其在废品回收产业链中继续发挥作用。

撰文　陈立雯

参考资料：
[1] 陈立雯.垃圾回收四十年①｜民间废品回收网络是如何形成的[EB/OL]. [2020-02-15].
    https://www.thepaper.cn/newsDetail_forward_2200457_1.
[2] 陈立雯.垃圾回收四十年②｜现有回收体系的这些难题为何无解[EB/OL]. [2020-02-15].
    https://www.thepaper.cn/newsDetail_forward_2200479_1.
[3] 陈立雯.垃圾回收四十年③｜河南固始：青黄不接的废品回收大军[EB/OL]. [2020-02-15].
    https://www.thepaper.cn/newsDetail_forward_2200508_1.
[4] 陈立雯.垃圾回收四十年④｜李爷爷的故事：从拾荒人到国企管理层[EB/OL]. [2020-02-15].
    https://www.thepaper.cn/newsDetail_forward_2200511_1.
[5] 陈立雯.垃圾回收四十年⑤｜收废品近20年，回收价格一路下跌[EB/OL]. [2020-02-15].
    https://www.thepaper.cn/newsDetail_forward_2200514_1.

上海为何是强制
实行垃圾分类的
第一个城市？

2019年7月1日，被称为"史上最严垃圾分类措施"的《上海市生活垃圾管理条例》正式实施。即便是在此之前接受过垃圾分类知识"速成"学习的市民，在垃圾桶面前也不免有所犹豫。"你是什么垃圾"，这句因为垃圾分类流行的戏谑问话，成为上海市民现实中的生活体验。

垃圾分类运动轰轰烈烈展开，其中也不免有疑惑的声音——为什么要强制推行垃圾分类？而这场运动为何以上海为起点？如此"严苛"的垃圾分类又能实际推行多久呢？

垃圾处理的窘境

"垃圾是放错地方的资源"，这句宣传语大家早已耳熟能详。如若细究我们过去"放错"了多少资源，便要一时语塞了。曾有一个形象的比喻，上海全市每两周产生的生活垃圾量可堆出一座金茂大厦。根据2017—2019年的《全国大、中城市固体废物污染环境防治年报》，上海城市生活垃圾产生量已连续三年蝉联榜首。

垃圾的高排放量与大都市生活相联系。城市生活垃圾量随市民物质消费能力日渐增长，它们虽然是城市高速发展的见证者，但其归属问题也逐渐突显。目前，传统的填埋和焚烧仍是我国处理生活垃圾的主要方式，由于难以通过分类实现垃圾减量，"一锅烩"的混合处理非但使处理效率低下，还存在对城市土地、用水和空气的环境污染，而垃圾利用转化率更是不足。面对源头垃圾产生量的持续增长，城市通常采用新建垃圾处理厂应对，然而愈加紧缺的城市用地和市民的邻避态度致使现有处理能力趋向饱和。

与此同时，一条灰色产业随着垃圾围城的困境悄然出现。饱受争议的垃圾异地处置是发达国家处置价值较低的固体垃圾的方式之一。类似的，中国城市之间也存在这一灰色产业。非正规渠道的垃圾外倒也引发国内大都市和周边省市的"垃圾战争"。

近年来，与上海地理位置毗邻的江苏省多个城市，不同程度地出现上海市生活垃圾跨市倾倒事件。2016年，上海生活垃圾跨市"偷倒"苏州太湖西山岛一案激起苏州市民的愤慨，苏州市为此颁布条例禁止接受外来垃圾。就在该案审判后不久，江苏海门市也遭受上海垃圾非法外倒。江苏省常熟市和无锡市也先后遭遇上海垃圾"偷倒"。上海市因此决定，建筑垃圾一律不再外运。

频频曝光的"垃圾战争"揭露了大都市垃圾外运的灰色产业，同时也将大都市垃圾围城的窘境推置台前。人们发现，垃圾的过去、现状和未来，需要重新审视。

上海垃圾分类的发展历程

上海市的垃圾处理用地趋向饱和，面对数量仍在增加的生活垃圾，改善垃圾围城困境的视线不得不投向垃圾分类的前端。实际上，垃圾分类并不是一个新话题。

上海的生活垃圾分类工作可以从20世纪50年代说起。最初，垃圾分类的重点在于垃圾是否可用作农肥。

而后，这种关注垃圾回收利用价值的分类取向延续下来。计划经济时期，有相当数量的拾荒者走街串巷收集废纸、废布、废铜烂铁、碎玻璃，以及动物骨头、毛发等城市废旧物资，作为加工原材料卖给工厂，这也催生了城市内部的再生资源回收行业。

1957年，上海市供销合作社下属的各废旧物资回收站构成全市废旧物资回收与利用的网络，负责收购和收集全市居民家庭、工商企业的各类废旧物质。市场经济发展后，废品回收行业的经营主体变成了N多渠道，既有街道民政、工商企业等第三产业以及社会团体开办的废品回收站，也有来自上海周边的农民构成的拾荒者群体。

随着上海城镇化的扩张，市场性的废旧物资回收行业的容身之地越来越小，仅是关注垃圾再利用价值的分类方式的弊端也逐渐突显。环保取向的垃圾分类开始出现，人们对垃圾的关注点不仅仅是它的再利用可能，更是其作为废弃物污染生活环境的现状。因此，垃圾的划分标准不再局限于回收利用价值，对环境的危害风险也纳入其中。

1996年，上海试行有机垃圾、无机垃圾、有害垃圾"三分法"，进行生活垃圾分类倾倒收集。

1999年，上海市政府发布《关于加强本市环境保护和建设若干问题的决定》，将生活垃圾分类作为环境保护和建设的一项重要工作。

2000年，上海列入中华人民共和国住房和城乡建设部确定的全国八个"生活垃圾分类收集试点城市"之一，垃圾分类方法以焚烧厂服务地区范围为标准，分为服务区内的可燃垃圾、废玻璃、有害垃圾和其他地区的干垃圾、湿垃圾、有害垃圾。

2002年，上海建立生活垃圾称重计量系统。该年年底，上海推进垃圾分类收集的小区数超过2000个，服务居民约150万户。四年内，开展分类收集的小区达3700余个，覆盖居民约300万户。全市垃圾分类覆盖率已超过60%，焚烧厂服务区域覆盖率超过90%。

2007年，上海市对垃圾分类方式进一步调整，以期在垃圾投放、收集、运输处置的环节实现垃圾减量。干垃圾、厨余垃圾、可回收垃圾和有害垃圾的"四分法"初具雏形，各类垃圾收集方式也随之调整。该年年底，实施垃圾分类对垃圾减量的贡献率达到0.6%。

2009年，上海市民拥有了个人"绿色账户"，市民通过废电池、牛奶包装盒、损坏的电动玩具等垃圾分类回收获取积分并换取实用的物品。

自20世纪90年代的垃圾分类工作，上海市民对"垃圾需要分类"的认知逐渐清晰。值得注意的是，虽然这一阶段的垃圾分类方法不断细化，不断设立试点，但其实际成效却不同程度地止步。

2018年，上海发布《关于印发〈上海市生活垃圾全程分类体系建设行动计划（2018—2020年）〉的通知》和《关于建立完善本市生活垃圾全程分类体系的实施方案》，推行垃圾分类的强制性激励，垃圾分类奖惩并行。这不仅统一了全市垃圾分类的标准，也实现了参与主体的全面覆盖。

2019年1月，《上海市生活垃圾管理条例》通过。垃圾分类真正成为全民行动。

作为国际都市，上海率先强制推行垃圾分类令人瞩目。垃圾围城的城市治理难题能否通过生活垃圾的源头减量缓解，垃圾分类将如何影响城市绿色发展？随着垃圾分类工作的继续推行，上海将在万众期待中给出答案。

撰文　邱慧思　冯婧

参考资料：

[1] 上海市生活垃圾分类减量推进工作联席会议办公室.
上海市生活垃圾全程分类宣传指导手册[M]. 2018.

感谢杨迎宾和田培琼提供的上海垃圾分类历史资料

上海垃圾大事记

1996年生活垃圾分类三分法

1996年小区厨余垃圾
小型生化处理机

2000年焚烧厂服务区域
生活垃圾分类

2000年非焚烧厂服务区域
生活垃圾分类

1980　1985　1990　1995　2000

1996. 8 第一座小型压缩式生活垃圾
收集站在普陀区真北路莲花小区建成。
1996 由日本赠送的有机垃圾生化处理机
落户普陀区曹杨五村第七居委会，每日可
就地消纳有机垃圾300公斤，开创了
有机垃圾就地生化处理模式。

2000. 6. 1 上海市被建设部确定为
全国八个生活垃圾分类收集试点城市之一。
2001. 12 上海第一座生活垃圾焚烧处置设施——
浦东御桥生活垃圾焚烧厂正式点火试运行，
设计日处理能力1000吨。
2002. 2. 26 市政府批复同意《上海市固体废弃物
处置发展规划》（沪府办〔2002〕10号），明确建立
市区、近郊区、远郊区三个生活垃圾物流组团。
2002. 4. 1 开始施行《上海市市容环境卫生管理条例》
2002 上海市建立生活垃圾称重计量系统。
2003. 5 上海第一座生活垃圾生化处理设施——
浦东美商生活垃圾综合处理厂建成投产，设计日
处理能力1000吨。至2011年，嘉定、青浦、
松江生活垃圾综合处理厂相继建成。

1986. 7. 1 江镇生活垃圾处置场
竣工投产，设计日处理能力550吨。
1990. 7. 1 上海市老港废弃物处置场
建成并投入试运转，标志着上海生活
垃圾处理从分散到集中的转变。

1981. 9. 17 上海市政府决定恢复建立上海市环境卫生
管理局，负责统一管理全市环境卫生工作。
1983. 12 上海第一座生活垃圾无害化处理场在安亭镇建成，
采用高温堆肥工艺，设计日处理能力300吨。

来源：《巨变——市容管理》曹静 编著，
上海文艺出版集团，上海城市重大工程建设实录

图片由田培琼　提供

02年卢湾区生活垃圾
动分拣设备

2007年生活垃圾实行居住区
四分法宣传

2007年生活垃圾实行居住区
四分法宣传

2008年厨余垃圾运输车

2005

2015

2010

2020

2004. 5 江桥生活垃圾焚烧厂（一期）建成投产

2004. 9 上海首座花园式生活垃圾中转站在静安区建成并投入运行，
日转运能力400吨。至2011年，黄浦、虹口、杨浦、浦东、长宁、奉贤、
崇明等区县相继建成日转运能力100吨以上的生活垃圾中转站。

2005. 4. 1 《上海市餐厨垃圾处理管理办法》（市政令第45号）
施行，这是全国第一部关于餐厨垃圾管理的政府规章。

2005. 12 老港废弃物处置场第四期工程建成并投入商业运行，
采用高维填埋技术，设计日处理能力4900吨，设计使用年限45年。

2008. 11. 1 《上海市城市生活垃圾收运处置管理办法》
（市府令第5号）施行。

2019. 6. 28 老港再生能源利用
中心二期正式启用，设计日处理
能力6000吨。老港再生能源利用
中心成为全球最大的垃圾焚烧厂。

2010. 8. 30 老港再生能源中心（一期）工程开工建设，采用焚烧发电工艺，设计日处理能力3000吨。

2010. 9 《市绿化市容局等十五部门关于推进本市生活垃圾分类促进源头减量实施意见》
（沪府办〔2010〕62号）拉开了本市新一轮生活垃圾分类减量工作的序幕。

2011. 3. 30 老港综合填埋场开工建设，设计日处理能力5000吨。

2011. 8. 2 上海市闵行区被确定为全国33个餐厨废弃物资源化利用和无害化处理试点城市（区）之一。

2011. 12 《上海市生活垃圾跨区县转运处置补偿资金管理办法》
（沪府办〔2011〕109号）进一步完善垃圾导出区对垃圾导入区的长效环境补偿机制。

2012. 11 《上海市郊区生活垃圾无害化处理设施建设补贴政策实施方案》（沪府办〔2012〕4号）
对纳入规划的区县生活垃圾处理设施，按照设施规模、处理工艺实施差别化建设补贴。

上海垃圾分类的标准

法律法规 **上海有关垃圾分类的**

▌《上海市市容环境卫生管理条例》
（2002年）

▌《上海市城市生活垃圾收运处置
管理办法》（2008年）

▌《国务院办公厅关于转发国家发展
改革委住房城乡建设部生活垃圾
分类制度实施方案的通知》
（国办发〔2017〕26号）

▌《上海市人民政府办公厅印发
〈关于建立完善本市生活垃圾全程
分类体系的实施方案〉的通知》
（沪府办规〔2018〕8号）

▌《上海市促进生活垃圾分类减量办法》
（2014年2月22日上海市人民政府令第14号）

▌《市机管局等部门关于推进本市党政
机关等公共机构生活垃圾分类的通知》
（沪机管〔2017〕99号）

▌《关于印发〈上海市生活垃圾全程分类
体系建设行动计划（2018-2020年）〉
的通知》（沪分减联办〔2018〕5号）

▌《上海市生活垃圾分类投放指南》
（上海市绿化和市容管理局，2019年6月12日）

▌《上海市生活垃圾管理条例》
（2019年7月1日起强制实施）

18件配套文件
（截至2019年6月18日，已完成14件）：

▌《宾馆不主动提供一次性用品目录》

▌《餐饮服务行业不得主动提供的
一次性餐具用品目录》

▌《公共机构限制使用一次性用品目录》

▌《生活垃圾分类收集容器配置规范》

▌《垃圾分类目录及投放要求》

▌《可回收物回收体系规划实施方案》

▌《可回收物目录》

▌《垃圾收集设施配置标准》

▌《生活垃圾处置总量控制办法》

▌《社会监督员制度》

▌《对不符合分类质量标准生活
垃圾拒绝收运的操作规程》

▌《大件垃圾管理意见》

▌《快递企业执行快递封装
用品国家标准的指导意见》

▌《生活垃圾处理设施专项规划》

其他：

▌《发挥本市社区治理和社会组织作用
助推生活垃圾分类工作的指导意见》

▌《建筑工地生活垃圾分类导则》

▌《生活垃圾分类违法行为查处规定》

上海市生活垃圾分类投放指南

上海市生活垃圾实施四分类：可回收物　有害垃圾　湿垃圾　干垃圾

绿色上海　垃圾分类查询平台

可回收物 RECYCLABLE WASTE

适宜回收可循环利用的生活废弃物。投放可回收物时，应尽量保持清洁干燥，避免污染；立体包装应清空内容物，清洁后压扁投放；易破碎或有尖锐边角的应包好投放。

废纸张  报纸　纸箱　书本　纸塑铝复合包装　纸袋　信封

废塑料  塑料瓶　玩具　油桶　乳液罐　食品保鲜盒　衣架　泡沫塑料

废玻璃制品  酒瓶　玻璃杯　玻璃放大镜　窗玻璃　碎玻璃

废金属  易拉罐　锅　螺丝刀　刀　指甲钳　刀片

废织物 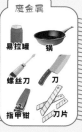 皮鞋　衣服　床单、枕头　包　毛绒玩具

其他  电路板　电线　插座　木积木　砧板

有害垃圾 HAZARDOUS WASTE

分类投放有害垃圾时，应注意轻放。易破碎的及废荧光灯管应连带包装或包裹后投放；压力罐装容器应清空内容物后投放。

·公共场所产生有害垃圾且未发现对应收集容器时，应携带至有害垃圾投放点妥善投放。

废镉镍电池和废氧化汞电池 充电电池　镍镉电池　铅酸电池　蓄电池　纽扣电池

废荧光灯管 荧光灯　节能灯　卤素灯

废药品及其包装物  过期药物　药品包装　药片　过期胶囊药品

废油漆和溶剂及其包装物  染发剂壳　废油漆桶　洗甲水　过期指甲油

废含汞温度计、血压计  水银血压计　水银体温计

废杀虫剂消毒剂及其包装物  消毒剂　老鼠药　杀虫喷雾

废胶片及废相纸 x光片等感光胶片　相片底片

湿垃圾 HOUSEHOLD FOOD WASTE

即易腐垃圾，易腐的生物质生活废弃物。湿垃圾应从产生时就与其他品种垃圾分开收集。投放前应尽量沥干水分，有外包装的应去除外包装投放。

·公共场所产生湿垃圾且未发现对应收集容器时，应携带至湿垃圾投放点妥善投放。

食材废料： 谷物及其加工食品、肉蛋及其加工食品、水产及其加工食品、蔬菜、调料、酱料等。

剩饭剩菜： 火锅汤底、鱼骨、碎骨、茶叶渣、咖啡渣、中药药渣等。

过期食品： 糕饼、糖果、风干食品、粉末类食品、宠物饲料等。

瓜皮果核： 水果果肉、水果果皮、水果茎枝、果实等。

花卉植物： 家养绿植、花卉、花瓣、枝叶等。

剩饭剩菜　面包　鸡肉　干果仁　花卉　蛋糕饼干　苹果核　鱼、虾　蔬菜　宠物饲料　动物内脏　鸡蛋及蛋壳　大米及豆类　中药药渣

干垃圾 RESIDUAL WASTE

除可回收物、有害垃圾及湿垃圾以外的其他生活废弃物。投入干垃圾收集容器，并保持岗亭环境整洁。

餐巾纸、卫生间用纸、尿不湿、狗尿垫、猫砂、烟蒂、污损纸张、干燥剂、污损塑料、尼龙制品、编织袋、防碎气泡膜、大骨头、硬贝壳、毛发、灰土、炉渣、橡皮泥、太空沙、陶瓷花盆、带胶制品、旧毛巾、一次性餐具、镜子、陶瓷制品、竹制品、成分复杂的制品等。

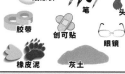

餐巾纸　卫生间用纸　纸尿裤　笔　头发　污损纸张　烟蒂　胶带　创可贴　眼镜　防碎气泡膜　破碎陶瓷碗　陶瓷花盆　橡皮泥　灰土　内衣裤　旧毛巾　污损塑料袋

大件垃圾

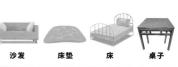

沙发　床垫　床　桌子

大件垃圾可以预约可回收物回收经营者或者大件垃圾收集运输单位上门回收，或者投放至管理责任人指定的场所。

装修垃圾

碎马桶　碎石块　碎砖块　废砂浆以及弃料

装修垃圾和生活垃圾应分别收集，并将装修垃圾袋装后投放到指定的装修垃圾堆放场所。

电子废弃物

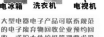

电冰箱　洗衣机　电视机　空调　微电脑　手机　电饭煲

大型电器电子产品可联系规范的电子废弃物回收企业预约回收，或按大件垃圾管理要求投放。

小型电器电子产品可拍照可回收物的投放方式进行投放。

《条例》规定：产生生活垃圾的个人是生活垃圾分类投放的责任主体，应当将生活垃圾分别投放至相应的收集容器。

上海市绿化和市容管理局

上海垃圾分类小窍门

爱芬环保的创始人郝丽琼认为，可以把垃圾分类看成是一种"公民的共同学习"，从垃圾中可以"看到"自己的生活，如果说垃圾是生活的反映，那么分类就是停下来反观。

生活中产生的垃圾五花八门，在推行垃圾分类的初期，只要愿意花时间分类，分错了也没有关系。可以通过手机查询，或者社区志愿者的帮助，逐步学会正确的分类方法。

垃圾分类并没有想象中那么复杂，只要理解不同的垃圾分类后是如何处理的，就能分清楚。

简单来说，可以先分出湿垃圾，通常是厨房里产生的食物垃圾，未来会被加工成肥料，所以一些过于坚硬的东西（如大骨头）不能算湿垃圾；然后，再分出可回收物，包括"塑（料）、金（属）、玻（璃）、纸、衣（服）"这几种可以被重新利用的，也有人通俗概括，就是以前能卖给楼下收废品小贩的；接着，可以分出有害垃圾，这种垃圾不常有，种类也不多，需要特殊处理；最后，剩下的都是干垃圾，未来会进行填埋或焚烧。

日常生活中，容易分错的垃圾，并不需要大家背下来，如果搞不清楚的时候，可以查阅以下图表。

（右）参考资料：上海市绿化和市容管理局『生活垃圾怎么分』
小程序 《上海市生活垃圾分类投放指南》

图表整理　邱慧思

100

2019年6－9月，在上海推行强制垃圾分类的过程中，澎湃新闻市政厅栏目前后组织了三次沙龙讨论，包括众多基层社区工作者、各级政府管理部门、垃圾处理各环节的企业、相关各个学科的学者，以及普通居民等，分享了各自在上海垃圾分类推进过程中的体会和建议。这些内容由市政厅栏目最终整理成文（共计5万余字），引起广泛的关注与讨论。特地节选部分内容，穿插在本书的不同篇章，以补充更多细节信息。

资料来源：
复杂社区｜垃圾分类实践：要相互看见，也要协商、参与和监督
https://www.thepaper.cn/newsDetail_forward_3757686.
复杂社区｜上海垃圾分类成效：政策与习惯
https://www.thepaper.cn/newsDetail_forward_5390481.
垃圾分类沙龙实录：社区协商、立法精神与执法实践
https://www.thepaper.cn/newsDetail_forward_5418947.

社会组织眼中的垃圾分类进程

郝利琼（爱芬环保联合创始人）：爱芬环保是一家专注于做社区垃圾分类的民间非营利组织。我们是2011年开始做垃圾分类的。当时的社会环境，跟现在完全不一样。

2010年上海开了世博会。当时有一个展馆是台北，展示垃圾分类。很多人看到这个展馆，充满疑惑，也觉得震撼：一个城市的垃圾分类也"值得"展览吗？我觉得，世博会推动了上海对环境问题的关注。到2011年、2012年，上海市又开始推行新一轮的垃圾分类。

2011年，我在北京参加了"零废弃联盟"成立大会。零废弃联盟，是一个专门关注垃圾议题的联盟。这个联盟为什么会成立？是因为，在2007—2008年，在中国的不同地方，开始了反焚烧的行动。

最初在广东番禺的事件中，出现了很多民间的声音。大家反焚烧，同时又在思考，光反也不解决问题，有这么多垃圾，该怎么办？这些零散在全国的反焚烧行动，让大家看到，垃圾竟然能成为一个问题。这是认知的转折。由此，有关垃圾议题的组织陆续产生。

为什么会有垃圾焚烧的问题？因为中国经济发展，社会垃圾产生量急剧增加，垃圾围城成为普遍现象。那么，为什么要垃圾分类？因为，分类是目前可见的让垃圾减量、进而减少垃圾对城乡环境影响的比较简便的方法。

就上海而言，2012年那一轮推动垃圾分类之后，2014年出台了《上海市生活垃圾分类减量管理办法》。但那是一个部门规章，法律效力不如这一轮的《上海市生活垃圾管理条例》，后者是人大立法。

真正推动垃圾分类的，是 2016 年 12 月底，习近平总书记在中央经济工作会议上的讲话，提出"普遍推行垃圾分类制度，关系 13 亿多人生活环境改善，关系垃圾能不能减量化、资源化、无害化处理"。此后，2017 年，全国的政策力度急剧提升。上海提出，到 2017 年年底，单位要强制垃圾分类。2017 年年底，上海开始筹备新一轮真正的人大立法。2018 年初，上海提出上海市生活垃圾全程分类体系的建设。

　　之前还没有一个中国城市，提出过全程分类体系。什么叫全程分类？就是说，垃圾从家里出来，到社区投进垃圾桶之后，所有流程都要分开走。

　　这就击到了一个痛点。以前居民老说，我们分了，后端还是合起来收了。上海立志解决这个问题，所以叫全程分类：分类投放、分类收集、分类运输、分类处置，全部要形成完整的系统。

　　2018 年底，习近平到上海，视察虹口的一个社区。当时跟一些做垃圾分类的组织，花了 12 分钟，谈垃圾分类。这件事进一步激发了 2019 年的政策力度。2019 年 1 月 31 日，《上海市生活垃圾管理条例》通过。通过立法之后，从立法倒推到政策，所有区县政府，都把垃圾分类作为首要任务。

　　现在跟 2011 年做垃圾分类时相比，已经发生天翻地覆的改变。垃圾问题的复杂性在于，它是每个人每一天都要面对的问题。上海市政府要跟 3000 多万人（2400 万常住人口和 800 万流动人口）去沟通，让每个人、每个家庭学会垃圾分类。这件事的挑战非常大。但上海一旦挑战成功，就会成为全球典范。

　　垃圾在中国成为一个公共的话题，是在 2019 年。我认为，一旦垃圾成了公共问题，它离被解决就近了一步。

如何看待垃圾分类

陈赟（华东师范大学人类学教师）：从人类学理论看，垃圾分类是一种集体意识，需要学习培养。对政府而言，垃圾分类是一种治理，对社区和生活方式的治理。对我们个人来讲，生活垃圾是被我们自己制造出来的，扔垃圾也是个人和家庭的自我治理。所以，我个人也有迫切需要，想知道垃圾处理的流程是怎么样的。

　　比如说，日本小学生在学校午餐，会有一套习惯，把奶瓶冲干净，然后包装纸揭掉，分类放置等等。但这跟他们的食物标准化包装也有关。

　　我们通过垃圾分类处理，可以把自己的生活更加秩序化。但问题是，怎么去跟治理、跟外界公共性的东西连结起来，怎么把私人空间和公共空间做好对接。

郝利琼：其实可以把垃圾分类看成是一种"公民的共同学习"。我们做了那么多年，有些东西还是搞不清。通过垃圾分类还可以反省自己的生活方式，从垃圾中"看到"自己的生活。垃圾其实是我们生活的反映，分类是停下反观。

我们在2011年，在扬波社区做了11个分类。你会发现，人们很乐意拿一堆垃圾在那站着分，很有成就感。

我主张，在小区里开出一个小空间，做更精细的分类。打个比方：有害垃圾中，药品是一类，电池是一类，灯管是一类；可回收物中，纸张是一类，纸板箱是一类，玻璃是一类，塑料制品是一类，塑料瓶罐是一类，塑料袋是一类。

"垃圾分类不是为了垃圾分类。"首先，垃圾分类是公民自觉、培育公民意识的过程；其次，是推动社区治理的过程。从这两点来看，垃圾分类是有价值的。

如何理解垃圾减量

王昀（澎湃新闻"市政厅"主编）：垃圾分类是一场持久战，最终是为了达到垃圾减量的目的，而不单是为了分类本身。这是大家的一致意见，对此大家有什么看法？

无锡某居民区书记：我认为垃圾减量的责任不仅在社区，而更需要市政府采取措施进行规范，比如塑料制品的处理，是否能通过在超市菜场等增加垃圾袋成本的方式，使得小区的垃圾量也得到减少。

郝利琼：垃圾减量和垃圾分类本质上是一个话题。狭义上的减量指的是垃圾运输至垃圾场处理的量减少，这与垃圾分类的主旨是一致的，通过分类的手段保障短期内城市垃圾处理的正常运行，很有效。但还有另一个层面的垃圾减量，指的是个体少产生或不产生垃圾，从而使垃圾在源头上减少，比如产品设计者控制材料使用量和包装，或在消费购买环节采取限制，这是上层设计者可采取的有效减量方法。

王局长（上海城管执法人员）：垃圾分类的目的是垃圾减量，减量也是为了高效处理垃圾。当然，减量也分直接和间接，直接减量不可能发生在居民区的分类过程中，但分类的贡献在于，对分离的湿垃圾进行脱水处理后能减少分量和体积，从而减少占地面积，这也就减轻了城市运营成本和污染问题。

上海垃圾分类的
成效与意义

《上海市生活垃圾管理条例》自2019年正式施行，据上海市绿化和市容管理局统计，2019年以来，上海市1.2万余个居住区达标率，由2018年年底的15%提升到90%。至2019年10月底，上海全市可回收物回收量较2018年10月增长4.6倍，湿垃圾分出量增长1倍，干垃圾处置量减少33%，有害垃圾分出量较2018年日均增长9倍多，干垃圾焚烧和湿垃圾资源化利用能力达到2.435万吨/日。同时，上海市已完成2.1万余个分类投放点规范化改造。

此外，上海社会科学院等机构于2019年年底向全市注册志愿者和市民进行问卷调查。已回收的877份市民问卷显示，71.6%的上海市民能够准确区分不同颜色的垃圾桶分别对应投放的垃圾种类，79.8%的上海市民即使无人监督也能够自觉主动遵循垃圾分类，7成以上市民对生活垃圾分类实施效果较为满意。

作为率先强制推行垃圾分类的城市，"上海经验"于中国无疑具有借鉴意义。然而，垃圾分类在其他城市该如何推行，仍需因地制宜。目前，我国237个地级城市已启动垃圾分类。至2020年年底，先行先试的46个重点城市将基本建成垃圾分类处理系统。

中国进入垃圾分类的"强制时代"？

46个重点城市中，80%以上采取国家制定的垃圾"四分法"——有害垃圾、可回收物、厨余垃圾、其他垃圾。为便于市民理解，有些地区则采取了不同的称呼和标志。比如，上海提出干垃圾和湿垃圾之分，而北京则是餐厨垃圾和其他垃圾。

垃圾分类的强制推行需要立法保障。越来越多的城市已经或正在出台生活垃圾管理条例，将垃圾分类纳入立法。目前，北京、上海、太原、长春、杭州、宁波、广州、宜春、银川九个城市均已出台生活垃圾管理条例。其中，北京是首个立法城市，其新修订的《北京市生活垃圾管理

条例》不仅对单位，也将对个人明确垃圾分类责任，而且罚款力度不低于上海。

而大部分已经对垃圾分类立法的城市，亦在相关条例中明确了对个人违规投放的处罚。太原、铜陵、杭州等城市还对违规投放垃圾增加了信用惩戒措施，违反生活垃圾分类有关规定且拒不改正、阻碍执法部门履行职责的，相关信息将依法纳入个人单位的信用档案。

强制推行垃圾分类，不仅需要惩戒违法投放垃圾行为，也需要以激励方式推动市民积极参与。目前，积分兑换成为引导垃圾分类的主流方式。和上海一样，越来越多城市开始推行市民个人的"绿色账户"，鼓励市民通过垃圾分类积攒积分，兑换礼品。在北京崇外街道，市民可用垃圾分类的积分兑换生活用品，约40个塑料瓶就能换一袋盐，价值三四块钱；300多个瓶子差不多能换5公斤大米。

垃圾分类虽然在全国范围逐步推进，但整个环节也存在短板。

住建部环卫工程技术研究中心副主任、教授级高级工程师徐海云认为，目前全国整体上垃圾分类的覆盖范围有限，先行先试的46个重点城市只占全国城市数量的7%左右。同时，试点城市的进展也不平衡，有的城市，群众在垃圾分类上的收获并不多，获得感也并不强。

而在垃圾投放、收集、运输、处理的一系列环节上，各个城市的设施配备普遍不足。大部分城市还只能做到在投放环节配备分类收集的设施，垃圾"先分后混"的问题还没有明显解决，有害垃圾的分类收集目前更是不足。如若前端和中端的垃圾分类及收集能够较好地完成，将有助于在后端处理过程减轻环境影响。

生活垃圾分类工作任务艰巨，不可能一蹴而就，也不会一劳永逸。各个城市要真正实现生活垃圾的源头减量，也需要长期坚持、不断投入，根据实际情况制定分类标准和规则。

撰文　邱慧思

上海垃圾分类
大哉问

垃圾分类
为何需要
社区工作？

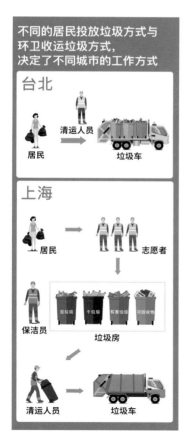

台北和上海的垃圾投放与收运方式

台北的垃圾分类，主要是市政人员向居民宣传教育就可以，为什么在上海等地，却需要社区付出那么大的努力？

先来看台北居民的垃圾投放和垃圾收运方式。

台北采用的是"垃圾不落地"，垃圾车在固定时间来到一个固定地点（定时定点），附近居民提着垃圾，当着市政工人的面，分类投放到市政垃圾车上。这个过程中，最重要的点是：居民投放—市政人员监督—清运，是同时进行的；本质上，"居民提着垃圾当面扔"的方式，实现了每一袋垃圾的"当面化"。而"当面化"意味着可追溯、可监督、可追责。

而上海等城市，则完全不同。

如果小区开展了垃圾分类但没有定时，大多数时候，垃圾投放点是没有志愿者或保洁员督促的，该小区扔垃圾是"匿名化"的。"匿名化"意味着不可追溯、不可监督、不可追责。

正是投放垃圾和收运垃圾方式的不同，决定了台北和上海小区垃圾分类方式的本质区别。在台北，小区规模很小，居民把垃圾直接交到市政人员手里，同时宣传教育工作发生在他们二者之间，指导和督促也可以当面完成。在上海，居民把垃圾扔到小区的一个桶内，保洁员人员把桶转交给市政人员。市政人员接触不到居民，所以，所有的教育宣传工作无法在市政人员—居民之间实现，而需要发生在"小区"里，发生在社区工作人员（包括物业和居委会工作人员）和居民之间。居民投放—志愿者监督的同时发生，保证了投放的准确率，以及精准化的指导，相当于实现了垃圾投放的"当面化"。

居民做好垃圾分类最重要的两个步骤：一是前期宣传教育，让居民在家准确分类；二是投放时的指导，让居民现场准确投放。

经过数年努力，上海很多小区已经完成了第一个步骤的工作，正面临第二个步骤：做巨大的社会动员，召集志愿者在某个时间段站在垃圾投放点，指导2400多万上海居民的垃圾分类工作。

所以，在上海，数十万计的志愿者和物业人员取代了市政人员，负责对居民的投放行为，进行"当面的"指导和督促。所以，巨大规模的志愿者和保洁员"值班"的意义就在于此：让垃圾投放的"匿名化"转化为"当面化"，让人的行为可监督、可追溯、可追责。

为何要所有人行动？

垃圾分类，个人做好就好了，为什么要在社区里搞得这么麻烦？

还是要回到第一问提到的点上：不同的居民垃圾投放方式与环卫收运方式，决定了不同城市的垃圾分类工作方式。

在台北，居民把垃圾直接交给市政人员，居民承担的是"独立的个体责任"，只要他做好了，一切就好了。

但在上海大多数小区就不一样了。以投放湿垃圾为例，上海居民不是把垃圾给清运人员，而是倒入一个公共垃圾桶。按照上海湿垃圾收运标准，只要有三个可见的非厨余垃圾或一个可见的有害垃圾，清运公司就可以拒收。同住一个小区，其他居民垃圾分类的好坏和自己息息相关，自己和使用这个垃圾桶的小区居民承担着垃圾分类的"连带责任"，也可称为"共同责任"。

一个小区的共同责任意味着，不仅是自己和家人要分类好，还有提醒和劝说邻居分类好的责任。从前，人们可能从来不知对面或楼上住着什么人，但当垃圾分类开始后，当去敲响邻居的、向他告知垃圾分类的时候，当承诺可以做一次社区志愿者，和很多年长的叔叔阿姨站在一起的时候，当因为做志愿者了解了更多社区的问题并萌生"或许我可以做点什么"的想法时，社区建设或社区营造就发生了。

如何让居民相信末端处理？

在上海，由于居民投放和垃圾车清运非同时发生，绝大多数居民看不见垃圾车是否有分类收运。加上"前分后混"的问题多年来饱受诟病，居民心里始终悬着一个大疑问：我分好的垃圾，被分类清运了吗？

笔者认为，这是"垃圾分类最大痛点"，不解决这个问题，垃圾分类难有进展。

仍以台北和上海为例。

上海垃圾回收的方式比较复杂，从居民家里到被环卫车辆运走，至少涉及四个不同责任相关方：投放垃圾的居民、进行监督的志愿者、负责小区内垃圾驳运的保洁员，以及接收小区垃圾的清运工人。

再看台北市民，丢垃圾当天，直接把手中的某种垃圾放到垃圾车上的指定容器。这个过程中，可以直接看到了三个要点：每一天收的垃圾是不同的；垃圾车是分类回收的；车上每个容器装的垃圾是不同的。

这种在投放垃圾时的"亲眼所见"是极具力量的。

所以，在社区创造一个场景，让更多社区居民"看见"垃圾车的分类回收，这是很重要的。笔者建议，可以组织几次小活动，让居民和清运人员直接交谈，或拍摄视频，在居民区反复播放。

除了清运环节"被看见"，末端处置环节依然需要"被看见"。"末端处置决定前端分类"，在这一点必须认真回应居民的疑问。

末端系统的落地，说起来容易，做起来非常困难。有哪里的居民，听说自己家附近要建垃圾处理设施，会表示同意呢？可是，每个人又在大量产生垃圾，这些垃圾总要在上海地界范围内被处理。这就是一个基本矛盾。

如何让这些矛盾，理性地呈现在上海市民的面前，让人可以理性讨论、和平争论，这又是一个很大的困难。

上海有一条垃圾末端参观路线"垃圾去哪儿了"，参观老港垃圾处理基地，这些参访路线就是垃圾末端处置场所"被看见"的过程，就是让市民了解、理解、参与的过程。只是，上海能被看、被参观的末端还太少，无法满足市民的需要。

垃圾分类是一个政府和市民强互动的过程。上海要创造机会，让市民"看见"政府的努力，让政府"看见"市民的用心。要从"听说如此"到"亲眼见到"，我们还有很长的路要走。

老港填埋场

上海老港固废综合开发
有限公司 提供

上：老港固废基地
下：再生能源利用中心一期二期

上海老港固废综合开发有限公司　提供

如何理解"定时定点"？

垃圾分类要讲道理，不能愚民，不能蛮干，需要讲清楚一些基础性问题。比如，什么是"定时定点"，以及为什么要"定时定点"。

先说"定点"。小区的垃圾投放点是固定的，在上海此轮垃圾分类的语境下，"定点"的真正含义不是"确定点位"，而是"减少点位"。从上海小区的实际情况看，减少点位的方法有两种：在高楼，需要把每层的垃圾桶合并、转移到地面某个点位；在多层住宅区，需要综合规划，按照200 ~ 300户一个点位的原则，重新布置点位。

再说"定时"。在笔者的理解里，它的真正含义不是"确定投放时间"，而是"减少投放时间"。如何减少，理应由大家共同确定。

因此，"定时定点"的真实含义，应该是"减时减点"。那为什么要"减时减点"呢？

垃圾分类投放是社会公共行为的转变。在垃圾分类以前，人们是"匿名"投放垃圾，在垃圾分类开始初期，则要转变为"当面化"或"实名化"投放垃圾。对整个社会而言，需要足够的时间准备、学习、提醒和监督。实现这个转变，需要两个条件：①需要一个投放的物理场域；②需要有人（一般是志愿者）去做讲解或进行督促。

一个小区点位越少，小区招募到足够志愿者的压力就越小。垃圾分类后，如果保持同样点位，小区垃圾的种类和垃圾桶数量骤增，分类驳运、二次分拣、居民沟通会给保洁员带来很大工作量，物业对保洁员的管理也更为困难。

从管理成本看，减少点位后，保洁员工作量微增或不变，物业公司在不增加保洁员的情况下，可以维持正常运营水平，不至于向业委会提出增加物业费的诉求。从小区外在环境来说，点位减少带给社区直接的利益，就是美观度和整洁度增加，甚至有垃圾分类后房价平均上涨几百元之说。

小区是否一定要"定时定点"？

关于上海生活垃圾分类的"强制性"，对小区而言，其强制的是，小区产出的垃圾应该是分类好的、纯净的垃圾。至于怎么实现，每个小区有很多选择空间。

"定时定点"是做好垃圾分类的重要手段。即便如此，上海推出的"定时定点"办法，也并非强制性方案，而是"推荐方案"或"倡导方案"。如果小区觉得自己有更好的办法进行垃圾分类，不需要"定时定点"，那么小区也可以不选择。

可是，为什么在上海出现了不少强制"定时定点"的做法呢？

首先，政府的政策要求，层层下沉到基层，在传递过程中，很多信息失真，导致一些倡导性要求变成强制性要求。

其次，垃圾分类任务下得很快，基层管理者缺乏开展垃圾分类的更好办法，工具箱里的工具有限，选择空间很小，只能上面给什么用什么，对结果也没有预判，更没有针对可能出现的问题制订预案。

更多基层管理者把"定时定点"理解成必须推进的任务；而在做的过程中，又不遵循社区工作的基本方法，没有征询更多居民尤其是平时参与社区较少的年轻群体的意见，造成少数居民的抱怨，抵触情绪较重。

面对少数居民反感"定时定点"的状况，解决方案一定要超越"定时定点"，回到"如何使交付给政府的垃圾是分类好的、纯净的"这个最本原的问题上。

最理想的状况是：在小区里，居民们坐下来，重新讨论垃圾分类，各种意见都会出来，小区居民选出大家能接受的方案。

如果小区决定由每个居民自己分类，那就必须有人引导和监督居民的分类行为。如果小区找不出那么多志愿者，大家就要商量，如何减少监督的点位和时间，这时，"定时定点"或"减时减点"的命题就应运而生了。

这就是最佳的居民自我治理的模型。在这种模型下，社区的各种公共问题，可以被广泛讨论，被理性分析，被合理解决。

上海其实已有不少比较成功的案例。浦东新区的芳澜苑，是一个有5座高楼的高端商品房小区，在前期跟开发商的沟通中，涌现出一批有公信力的居民领袖。决定推动垃圾分类后，小区召开了居民代表听证会，代表们在讨论后提出，保留目前5个地面点位。但是，这么多点位，谁来监管呢？业主骨干立刻承诺"我们自己管"。居委书记表态，可以给予业主一周时间尝试，如果做得不好，就需要撤除该点位的垃圾桶，但首先要撤除地库的桶，以门栋为单位进行垃圾桶管理。代表也表示，自行招募志愿者，包干楼组工作。

小区垃圾分类正式开始的第一天，骨干人员竟然从单位请假在小区值班，督促居民的分类工作。芳澜苑的工作就这样推动起来了。当然，垃圾分类具体效果有待观察，但芳澜苑通过居民自我组织、自我选择，确定了小区垃圾桶摆放地点和时间，并各自负责自己楼栋垃圾分类的效果。芳澜苑这样的自我组织和管理能力，令人敬佩。

真心希望上海有越来越多这样的小区出现。希望更多居民，尤其是年轻人，进入垃圾分类这样的社会议题中，提诉求，出建议，出方案，身体力行参与社区公共事务。同时，我们也希望基层管理者不断提升社区管理能力，有效动员和引导居民参与社区公共事务，推动上海基层治理能力持续提升。

24 小时
开放箱房

上海打浦桥街道书记：我们街道采取的措施与两定问题有关。由于各社区都认为两定制度不够合理，比如，定时制度导致下班回家晚了就无法投放垃圾，我们对此提出了解决方案：与业主委员会协商，从源头管控，评判居民和分拣员对干湿垃圾分类是否到位，如果符合要求，作为奖励机制，就可 24 小时开放箱房，不设投放时间限制。因为两定制度的最终目的是保证分类质量，确保干湿分离，只要能够达到这一点，定时制度就不再必要。为此，我们也对物业公司展开了就小区垃圾分类成果的评比工作。

我们事先与上海市绿化和市容管理局进行沟通，他们会在清运过程中检查。除此之外，我们定时与市容局的环卫人员联系，了解小区清运的湿垃圾是否纯净，以此给小区物业打分，建立奖惩机制。我认为垃圾分类工作的责任主要在物业公司，而不在居委会，居委会只需进行宣传，并且督促物业公司完成工作即可。

我们之所以采取这种做法，其实是协商后的妥协。由于小区大多是高层建筑，当时就撤桶问题产生了很大争议。居民认为应该由物业把垃圾清运到楼下，再进行分类，但物业因为自身压力太大而不接受这一提议，于是双方最后各让一步，同意以取消定时和楼道撤桶的方式解决问题。这样，居民可以 24 小时投放垃圾，物业也不需要上楼搬运垃圾桶，分拣员的工作也轻松不少。

王局长：大家讨论较多的两定问题，法律法规也有所规定，分类工作时，不采用"定时定点"制度不会成为被处罚的理由，相反的，这是一种自我治理的方式。设立两定制度的初衷是 24 小时监督居民分类的成本过高。因此，居委会干部们需要充分根据各自社区的情况设计适合执行的方案。

上海一小区的垃圾定时
定点投放点。

冯婧 拍摄

年轻人的
权利、责任
与协商博弈

杨旭（上海浦东社区服务中心主任）： 我观察到很多社区里的摩擦。社区里缺乏一个自下而上的协商。第一，什么时间扔垃圾，很多是居委会根据政府的指导意见定的，没有自下而上的过程；第二，关于垃圾箱房建在哪，要不要定点撤桶，都是从上往下派，业主只能被迫接受。

小区本来没有垃圾箱房，垃圾桶散在各个楼道，不显眼。但忽然在一个地方建了箱房，聚集了好几栋房子的垃圾，直接影响到周围群体，会产生利益冲突。这个过程中，一些小区能够组织起来进行协商，找出一个适合本小区的方案。但更多的小区并没有，这是社区治理里重要的事。

垃圾分类是社区治理很重要的一个部分。我们之前就发现，社区工作几乎是为老年人服务的。比较忙的"996"年轻人，基本被排除在扔垃圾的时间段以外。

刘继栋（上海洋泾街道阳二居委主任）： 年纪大的，不知分了有何意义，也不知后端是怎么处理。他知道，这是政府的行为，要响应号召，然后就分得很干净。一些年轻人说，"我为什么要分，关我什么事"，说不通。

有年轻人跟我说，开放时间太短。我说，没问题，可以延长时间，只要你们愿意出来做志愿者。年轻人不用多，只要出来五个，周一到周五，一天一个，就可以多开放一段时间。你出来我就开，不出来就不开了。因为我必须保证垃圾分类达到标准，要有人看着。

郝利琼： 为什么要"定时定点"？一是管理方面，二是成本。垃圾分类初期，必须有人监管，才会投放得当。要找到愿意在这段时间服务的志愿者，保洁员的时间也可以挪过来。如果有足够多的志愿者，确实可以更长时间开放，但前提是得有人看着。

任淼（"小黄狗"公共关系负责人）： 我们进社区也发现，有些年轻人说，机器九点就关了，我九点之后才能回家分类投。好，延长时间，我们把箱子开机时间推迟到凌晨一点半。其实成本非常高。叔叔阿姨投诉，上面有灯，影响我休息了。

我住的小区，每天早上七点多和下午大概五点二十分，有喇叭在小区里播，什么垃圾分类新时尚、追赶潮流造福子孙。普通话一遍，上海话一遍。早上很多人被它吵醒，非常反感。周六想睡个懒觉，给吵醒了，"让我垃圾分类，气死我了，我就不分"。

丁依宁（第六声记者）： 年轻人压力太大了。因为厨余无法处理，可能没有办法做饭，然后选择点外卖，外卖又产生了更多垃圾。我觉得对年轻人不宽容，导致大家有更多的逆反心理，能不能有一个比较好的沟通机制，让大家相互理解。

池勉（上海徐汇区居民）：我有长期加班的经历。其实问大家，三十天之内，愿不愿意拿出一天做志愿者，主观都是愿意的；但现实问题是，加班时间很不确定。比如，礼拜二晚十点钟，能不能到家，说不好。

刘继栋：这个可以协调。三十天里，你只要愿意出来一次做一个小时志愿者，我的小区就对年轻人开放晚九点到十点，甚至十一点到十二点都可以。你们可以组织一个微信群，自己安排时间。

王欣然（上海大学文化研究系博士研究生）：感觉大家都在考虑，我怎么扔垃圾更方便，怎么更方便地做分类，怎么更方便地和"996"配合。但垃圾分类就和垃圾一样，不可能那么方便，没有任何麻烦。当然，自上而下的方式肯定比较粗暴。但问题是，怎样做一个自下而上的事情？

　　我觉得，自由与责任义务是相对的。人至少对自己的行为要负责任。要有具体的沟通方式和协调机制，要去想办法。进一步说，垃圾分类造成的年轻人的负担和困境，是有多种原因的，这些原因来自不同的社会层面，共同构成对年轻人的压迫，垃圾分类只是一个征兆和窗口。

　　在个人层面，年轻人如果缺乏参与公共事务的经验，缺乏社区互动的经验，也就不知道如何去沟通和协商，甚至不知道居委会在哪儿。这些都是需要学习和锻炼的，垃圾分类其实是一次很好的机会。

郝利琼：核心问题是，目前在社区里没有这样的沟通机制和平台。实际上，居委会的工作时间和能力不是那么足，无法动员到每个人。其次，很多社区很漠然，觉得跟自己没有关系。理解是第一步，参与是第二步。

　　为什么说垃圾分类很重要，因为它给固化和陌生的社区，建立了更多的互动空间与可能性。

池勉：年轻人可以建个群，大概一个月一天出来做志愿者。比如说，我肯定愿意做这件事，但我的疑问是，我去哪加入这个群？

刘继栋：我是一家一家上门，年轻人我都问。如果有年轻人真的有需要，我可以建一个群。这肯定是居委会干。

湿垃圾为何
要除袋投放？

对那些不常做饭、很少接触厨余的人来说，突然被要求垃圾分类，要为湿答答的湿垃圾除袋，这个过程中视觉和嗅觉的不适，短期内确实很难适应。

为什么要除袋投放呢？它至少有两个好处。

一个是为下一道处理工艺提供方便。上海目前湿垃圾的处置方式，以有氧堆肥或厌氧产沼气发电为主。塑料袋会在堆肥时形成"缺氧"环境，影响产品品质；塑料袋也会在厌氧罐体内形成一层不透气的膜，让沼气和水不易出来，导致沼气发电设施受损。

如果前端居民不除袋，就需要小区的保洁员来除袋，或者运到末端堆肥厂除袋。这个工作对保洁员来说极其辛苦。如到末端再用机器或人工除袋，也会有很难除干净以及二次污染等问题。

第二个好处是，只有除袋，志愿者才能看到居民的湿垃圾是不是分干净了，才能起到指导作用。

很多市民还有这样的困惑：为什么不使用可降解垃圾袋装湿垃圾呢？目前，国内可降解塑料袋并没有大规模量产，成本较高。更重要的是，可降解塑料袋的使用，必须与末端湿垃圾处理工艺"精准匹配"。目前对垃圾管理的工艺和流程而言，都还太难了。

一个城市当然不能把这些困难当作在垃圾分类问题上止步不前的借口。垃圾分类领域，亟需社会创新，亟需科技支撑，要有更智能、更温馨的设施为市民美好的行为护航。

郝利琼

爱芬环保联合创始人，顾问
零废弃联盟执委
社区垃圾分类领域专家

撰文　郝利琼

参考资料：
[1] 郝利琼. 垃圾分类大哉问①｜从匿名到当面：垃圾分类为何需要社区工作 [EB/OL]. [2020-02-15]. https://www.thepaper.cn/newsDetail_forward_3810624.
[2] 郝利琼. 垃圾分类大哉问②｜从独立责任到共同责任：为何要所有人行动 [EB/OL]. [2020-02-15]. https://www.thepaper.cn/newsDetail_forward_3812558.
[3] 郝利琼. 垃圾分类大哉问③｜从听说到眼见：如何让居民相信末端处理 [EB/OL]. [2020-02-15]. https://www.thepaper.cn/newsDetail_forward_3812644.
[4] 郝利琼. 垃圾分类大哉问④｜从不关心到可以做：到底如何理解定时定点 [EB/OL]. [2020-02-15]. https://www.thepaper.cn/newsDetail_forward_3830375.
[5] 郝利琼. 垃圾分类大哉问⑤｜从任务到手段：小区是否一定要定时定点 [EB/OL]. [2020-02-15]. https://www.thepaper.cn/newsDetail_forward_3885911.
[6] 郝利琼. 垃圾分类大哉问⑥｜从一袋扔到除袋扔：湿垃圾为何要除袋投放 [EB/OL]. [2020-02-15]. https://www.thepaper.cn/newsDetail_forward_3904634.

在社区和垃圾议题上工作10年，拥有丰富的实践经验和深入的理论思考。和伙伴探索发展出社区垃圾分类的核心工作方法"三期十步法"，该方法已经在上海等多个城市推广和实践。

上海静安区爱芬环保科技咨询服务中心（简称"爱芬环保"）于2012年8月在静安区科委正式注册成立，是一家致力于解决城市生活垃圾问题的环保公益机构。核心工作是协助社区设计垃圾分类实施方案，对宣传动员、硬件调整等工作进行指导，为志愿者、物业保洁等相关方开展培训，最终让社区形成一套可持续的垃圾分类管理体系，推动居民自主参与垃圾分类。截至2018年年底，爱芬环保已在上海静安区、普陀区、闵行区的309个小区推动垃圾分类工作。

上海垃圾分类
中的社区行动

在小区如何更好地推广垃圾分类？如何帮助居民正确进行垃圾分类？这些看似简单却需要细致操作的工作，离不开居委会、物业、第三方社会组织的指导，离不开社区志愿者的细致工作，也离不开居民的积极参与。

志愿者的付出

上海静安区宝山路街道包运大厦的颜卫国，就是一位推广垃圾分类的社区带头人。颜卫国在2018年8月18日"全国首届零废弃日"的线下沙龙活动中介绍了包运大厦的垃圾分类情况。他们的经验可以为其他小区的垃圾分类推广工作提供有益的借鉴。

包运大厦是一幢1996年建成的25层大楼，每层有10户，目前有239户人家。这个小区从2017年3月份开始实施垃圾分类，目前有70%的居民能自觉地进行垃圾分类。

从细致的准备工作开始

2016年，当居委会和第三方组织爱芬环保到小区，说要开始推广垃圾分类的时候，一开始颜卫国和大家都是比较抵触的。后来，居委会和爱芬环保跟他们开了几次讨论会，就决定先做5个月的准备工作。

颜卫国首先通过努力邀请，把志愿者队伍从20位增加到32位。在所有志愿者的努力下，大家在小区里面拉横幅、出黑板报和宣传画，做了很多宣传。等过完年，又进行了几个有仪式感的活动，比如说办"绿色账户卡"、正式的"发桶仪式"、志愿者入户发资料并做口头宣传……，通过这些活动，让居民了解到垃圾进行分类的意义与基本要求。

此外，垃圾分类的推进还需要一些很细致的考虑。比如，垃圾箱按社区自己的要求就改造了两次，第一次是改造成可以垃圾分类的垃圾箱，第二次是改造投放口的高度。后来，又在垃圾厢房顶上装了遮雨棚。

抓住各种机会，争取居民的理解和配合

居民习惯了在楼层投放混合垃圾，现在要把垃圾桶撤了，让居民把垃圾分类并拎到楼下的垃圾箱。

虽然在宣传动员阶段，居民对分类的方法有了理论化的认识，但实际要分的时候还是有很多误区。所以，志愿者要大量地分拣，还要给居民解释示范。而且，包运大厦租户占比有30% ~ 40%，租户换得快，所以需要反复入户宣传。

刚开始，除了早晚共三个小时的值班，志愿者还要巡楼，大概经过两个礼拜，大家都能自己把垃圾拎下来。不过有的垃圾分类了，有的还没有分。

高空抛物也是个麻烦的问题。所以颜卫国召开了恳谈会，顺势搞了一个爱护通风井的宣言：不管以前有没有扔过，希望大家从今天开始不要扔了。社区人员把宣言印了50份，由志愿者挨家挨户送上门，较好地解决了问题。住在低层的人家非常感动，也开始帮忙大力宣传垃圾分类。

志愿者的工作是动员所有居民，一起配合垃圾分类的工作。所以，碰到不配合的居民，志愿者不能命令式工作，更不能和居民吵架，要耐心讲解。

用志愿者机制持续推动垃圾分类

这样试行一个月，居民就基本能把垃圾分好了；半年后，靠居民的自觉，靠保洁员时常去检查。颜卫国觉得，垃圾分类的关键是面对面的宣传，起码让居民知道，违规行为能被查到，要产生一定的威慑效果才行。

现在，志愿者不用值班了，但有个志愿者机制，要时常顺便看看垃圾有没有分好，如果遇到没有分好类的垃圾，最好能查到是谁扔的，确定之后，社区人员就去找这户人家沟通。

目前为止，包运大厦有44个志愿者。以前大家遇到问题会去居委会反映，现在也会找颜卫国所在的社区团队。

垃圾分类如何持续下去，颜卫国认为，重在引导居民。

"现在报纸上、电视上不断在宣传垃圾分类。这对于以后的垃圾分类推进，对于志愿者的工作都有非常大的帮助，"颜卫国说："很多人说国外这里好那里好，如果你不做，永远都是别人好。"

撰文 马晓璐

参考资料：

[1] 垃圾再生 | 上海七旬志愿者：如果你不分类，永远都是外国好[EB/OL]. [2020-02-15].
    https://www.thepaper.cn/newsDetail_forward_2723796_1.

上：2018年8月18日，全国首届零废弃日，爱芬环保举行的线下沙龙活动上，颜卫国分享自己参与的垃圾分类工作经验。

下：包运大厦

颜卫国　提供

当居民遇到志愿者

池勉（上海徐汇区居民）： 我曾经在意大利生活，当时有垃圾分类的习惯。但回国后，发现国内都不分。平常我会把快递箱拍平，专门放在一块。

从2018年开始，巷子口的垃圾房忽然要分类了。我觉得事情的顺序不太对。起码，应该每家每户贴个小通知，说现在分类了，具体怎么分，请居民都照这个分。

忽然间垃圾桶旁多了个阿姨。那个阿姨非常辛苦，让每个扔垃圾的人把垃圾放到垃圾桶外面，然后她来帮你分。这对我很困扰。一方面我觉得这样效率很低，另一方面所有垃圾都被她审视，我也很尴尬。

其实我希望阿姨跟我说怎么分，下次我就知道了，我愿意自己分。但她每次都非常快地让我放在那。我感觉，垃圾被她检阅之后，我想逃掉。而她要翻我的垃圾，也不想当着我的面。

上海的志愿者政策

2019年12月4日,《上海市绿化和市容管理局、上海市精神文明建设委员会办公室关于建立和完善上海市生活垃圾全程分类志愿服务工作体系的指导意见》(以下简称《意见》)明确,到2020年,上海生活垃圾全程分类志愿服务体系覆盖全市各个街道、镇(含居委会、村委会)。到2021年,全市参与生活垃圾全程分类志愿服务项目的注册志愿者人数力争达到100万人,并建成20个市级志愿服务基地(每个区至少建成1个)。此外,生活垃圾全程分类志愿队伍实行面向社会公开招募的制度,"上海志愿者网"开设长期招募平台,接受社会市民的报名。

参考资料

[1] 栾晓娜. 上海垃圾分类志愿服务明年实现全覆盖,
到后年或有百万志愿者 [EB/OL]. [2020-02-15].
https://www.thepaper.cn/newsDetail_forward_5150493.

上:"发桶仪式",
志愿者向居民发垃圾桶
下:志愿者和保洁员
打扫垃圾箱

颜卫国　拍摄

居委会的压力

撰文 澎湃新闻记者 冯婧

资料来源:
[1] 冯婧. 社区更新·展 |
上海中大居民区①: 致力于
社区自治的居委会[EB/OL].
[2020-02-15].
https://www.thepaper.cn/
newsDetail_forward_4216238_1.

视频链接
https://www.thepaper.cn/
newsDetail_forward_4216232.

垃圾分类做不好，是社区自治没做好

上海浦东新区浦兴路街道中大居民区的案例，证明了社区自治在推进垃圾分类过程中起到的重要作用。

李秀勤自2016年年底起担任中大居民区书记，她通过培养居民的自治能力，建立起一批居民志愿者组织，如得到诸多荣誉称号的"花友会"。此前，中大居民区并未宣传过垃圾分类，也从未成为垃圾分类的试点小区。然而，垃圾分类在中大居民区进行得异常顺利。

看着别的小区因为垃圾分类而焦头烂额，"花友会"的李会长对李秀勤讲："我想通了，为什么我们垃圾分类做得好，因为我们有很多自治团队。"

浦兴路街道党工委周秀华书记也认为，垃圾分类做不好，就是社区自治没做好。

关于垃圾分类，李秀勤也有自己的一些经验。

上海各个小区都在推垃圾分类。李秀勤听说，有的小区被居民一句话怼回去："小区都这么脏，还分什么类啊？"

但在中大苑，李秀勤这样给居民讲："小区弄得这么好，你都分类分不好？"

李秀勤带着大家花了3个月，进行垃圾分类的宣传。他们不发垃圾桶，先给居民培训，进行分类测试，分类对了，再给发垃圾桶。他们要让居民会分类了，再发垃圾桶作为奖励。虽然发的垃圾桶质量也一般，有些居民还嫌弃有味道，但李秀勤认为，要换一种思路，让居民凭自己的能力得到垃圾桶，而不是强制发。

还有垃圾定投点的位置。李秀勤的做法也不太一样。有居民讲，垃圾见不得人，怎么不放在角落里？

李秀勤却说，放在显眼的地方，就是倒逼物业，倒逼居委会的工作人员，在垃圾分类上，只能往前不能往后。其实，放在角落里就少了监督作用，可能变得更脏，最后还是要我们来处理。

现在的垃圾箱房位置，除了方便居民使用，也是为了趁机改造一下旁边的车库。如果业委会亲自改造，要自己出资30%。正好借助垃圾箱房改造的机会，把车库的小房子改造成志愿者休息驿站，兼做车库的门房。这样就替居民省了一笔钱，又改善了环境面貌。

李秀勤还要求，垃圾箱房里贴瓷砖，清理方便。很多工程都是看外面，但李秀勤更看重里面。"一般在做事情之前，我都在脑子里把各种细节想一遍。所以，做完之后问题就比较少。"

居委会的压力

刘继栋： 垃圾分类对我们居委社工的影响是最大的。我们从每天早上八点半上班，变成每天早上六点半、七点上班，下班时间变成了八点、九点。因为这段时间就是丢垃圾的时间。所谓的10万志愿者里，有5万是我们居委会社工，而且不拿一分钱。

这件事是政府托底，街道承担了很多责任，而居委会作为居民区垃圾分类最后一道防线，也承担了很大压力。

垃圾车过来，一看湿垃圾里，混装其他垃圾超过20%，车子直接就走，不收这些垃圾。这样三天下来，就是垃圾围我小区。"12345"就要被打爆。

《上海市生活垃圾管理条例》说得很清楚，居委会是要做好宣传工作。我这里的做法主要是依靠自治金和共建单位资助。咱们领导就给我两万七，已经很不错了。我用两万块钱托关系请了爱芬环保。志愿者水要给吧，夏天要有雨伞，要有驱蚊虫的东西，还有宣传单要印。

在宣传方面，我前期做得比较好。3月接到命令，我下午五点钟就开始跑楼道，一家一户动员做志愿者，一家一户发宣传单。我做到了70%以上的告知。我们小区是1399户，出来了400多户志愿者。

5月20日，垃圾分类开始了。喇叭播放说，上午几点投，下午几点投。

上：2020年5月上海嘉定区某居民区的垃圾投放点
冯婧 拍摄

下：2020年3月上海杨浦区某居民区的垃圾投放点
冯婧 拍摄

考核的
问题

赵书记（上海居委会工作者）：目前的垃圾分类排名制度自上而下，区域、街镇、街道都有排名，甚至居委会也有红黑榜。本意是为了引导居民，但是现在事态发展没有底线了。比如说，浦东新区的排在全市倒数，区委、区政府就此多次召开会议，要求下个月的排名必须上升，各级压力越来越大。如此一来，必然要采用非正常手段。目前从街镇到街区，应对垃圾分类的对策和方法都是针对考核检查的。原本要求志愿者定时定点上岗，现在要求志愿者在其他时间也需要巡逻、工作；原本只针对生活垃圾，现在对建筑垃圾也提出了要求，等等。这种方式我觉得无法长久，政策实施不过两个月就会透支基层的体力和精力。

现在的考核制度有些极端。比如，考核人员专挑最薄弱的时间点进行检查，经常在社区志愿者、物业和居委会午休的时间段里进行检查，问题很容易暴露，基层也会神经紧绷、24小时备战，以至于采用非正常手段应付检查。

郝利琼：指标的问题我也深有感触。其实考核取得的分数无法真实反映实际工作的水平，一个小区上个月第一名，下个月就倒数了，这种现象非常普遍。目前的考核结果与检查者也息息相关，正如您所说，检查的时间点、检查者的数量和能力，对结果都有很大影响。因此，这个指标本身也值得商榷。不过，市里也在努力完善指标，向着反映真实情况的方向努力。

赵书记：如果我们的小区连续两个月排名倒数，领导一定会约谈，大家不能辛苦工作30天，最后因为一次检查导致之前的努力白费。这段时间里我听得最多的话是"责任层层压实"，只能压在基层身上，但是考核的成绩也需要基层承担。

刘春彦（同济大学法学院副教授）：垃圾分类条例没有明确规定具体执行中的考核标准，法律对考核制度没有规范。这是一辈子的事情，需要养成良好的习惯，一朝一夕是解决不了问题的。

赵书记：的确需要时间，现在的氛围不是长期实行的氛围。如果希望往长效的方向发展，我还是建议政府采用"新时尚"的方法，作为时下流行的热点，坚持一年到两年。

物业的责任

根据《上海市生活垃圾管理条例》规定，住宅小区由业主委托物业服务企业实施物业管理的，物业服务企业为管理责任人。那么，在垃圾分类的实践过程中，物业公司应该承担哪些责任呢？

2019年6月，在"市政厅"栏目举行的第一次垃圾分类讨论会上，澎湃新闻英文网站第六声编辑部的副主任杨小舟分享了自己居住的小区里，物业公司没有提前协商所带来的问题。

杨小舟所在的小区，协商沟通气氛一直很差，她住了十年才被这一任物业公司拉进业主物业微信群。

这个小区本来每栋楼下有两个垃圾桶，袋装垃圾不落地，硬纸板、包装盒会直接拿给保洁师傅。5月下旬的一天，杨小舟突然发现楼下垃圾桶没了，就拎着垃圾袋，在通往小区垃圾房的路上看到一块白板，画了一个箭头，告知业主要垃圾分类，分类好的垃圾要扔到垃圾房里。垃圾房上新贴了居委发的一整套宣传标识。

小区垃圾桶不见之后，杨小舟也并没有看到物业和业委会在微信群里就垃圾分类有进一步的说明。一些业主不太清楚，去门房质问保安为何撤桶，还有的业主干脆拿出小垃圾桶放在一楼，扔袋装垃圾，不愿走到垃圾房去。

于是杨小舟采访了小区的物业经理。物业说，他们是3月前后接到居委会通知要垃圾分类，牌子是五一以后才竖起来的。牌子上虽然写着定时，但小区只有四栋楼，24小时都可以投。

物业经理说，据他的观察，5月末刚撤桶时，很多人完全没有分类。不过，物业并不想因此与业主发生冲突，保洁师傅会再手动帮大家分拣。

7月1日法规要正式实行了，该怎么办？物业说，还是希望业主自觉养成分类习惯，物业这边也没有人力监督，他能想到的办法就是装摄像头。

了解了上述信息后，杨小舟觉得社区协商在她居住的小区的垃圾分类过程中是缺失的。如果早协商、早预告，增信释疑，推进过程可能会更顺利些。

物业的责任
是什么

王局长： 对于物业而言，有两大责任：第一是规范投放设施的责任，如箱房垃圾桶的设置；第二是"分类不运"的责任，即物业有责任将经居民分类后的垃圾运至箱房，因为箱房是临时储存、过渡垃圾的场所。如果部分开放式的老旧小区没有聘请物业，那么这些工作就落在社区居委会身上。

吴新颖（素杺环保公益服务中心创始人）： 我们在工作中发现，很多业主提出物业条例和垃圾分类条例冲突，尤其是在垃圾处理问题上。比如撤桶问题，业主认为交了物业费后，物业应该负责垃圾的处理，现在却还要撤桶，带来了很大麻烦。

刘春彦（同济大学法学院副教授）： 垃圾分类条例涉及的是居民的法律义务，居民通过垃圾分类对国家承担义务。虽然物业管理条例也涉及政府和居民的关系问题，但主要是规定物业公司作为企业需承担的义务。

物业如何
撤桶

王佳琦（上海淮海中路街道新华居民区党总支书记）： 我们街道有一个高档小区，无法在撤桶问题上达成一致。由于物业费高昂，居民们认为物业应该协助处理分类问题，而不应撤桶。

吴晓毅（上海小东门街道龙潭居民区党总支书记）： 我们有一个小区在垃圾桶撤走后，物业提供上门服务。另一个小区没有撤桶，因为是一梯一户，我们也和业主委员会协调，规定每层楼都有管家，每天巡逻掌握分类是否达标的证据，这样能形成更好的氛围。业委会也很用心，特地到博览会采购一些与小区环境匹配的高质量垃圾桶，获得居民的一致认可。此后，整个推行过程也最终达到目的。我觉得一小区一方案是比较可行的方法，当然也要在源头上加大宣传手段。

郝利琼： 王书记的小区，撤桶未必是最好的选择，撤桶的主要原因是为了避免楼层内垃圾桶混合投放，以及分类不标准引起证据纠纷。但如果是一梯一户的状态，投放不标准的责任也就明确了。

社会组织的协力

社会组织协力下，居民自制破袋神器

在韩国，为了让居民更方便地进行食物垃圾的分类，通常会在垃圾投放设施附近安装洗手池。现在，上海也有不少小区提供洗手设施，这不是学习韩国，而是由社会组织——爱芬环保在2011年第一次进社区时创造的做法。

当时，爱芬协助小区改造了垃圾箱房，加装灯和洗手池，还加了小厨宝，冬天可以有热水。后来，爱芬给静安区写了一个垃圾分类箱房改造意见，加装洗手池等做法被静安区采纳。静安区在改造垃圾箱房时，只要条件具备，都有这样的设施。

虽然加个洗手设施会降低一些居民的顾虑，然而在实际投放过程中，仍有居民不愿意把湿垃圾倒入桶中，而是把袋子一起扔进去。为了解决这个难题，爱芬环保服务的社区锦灏佳园物业工程部的一位师傅自制了一种破袋神器。到2019年4月为止，他已经研发了三代工具，让居民在投放过程中能轻松除袋。

第一代除袋工具，是一个夹在湿垃圾桶上的夹子，通过齿轮破袋。第二代除袋工具，可以直接固定在垃圾桶上。而第三代除袋工具，可前后移动，齿轮也比前两代更锋利。此外，他还在后方做了空心架子，居民只需将垃圾放在齿轮上轻轻一划，垃圾就会落在桶里，绝不会脏到手。

除了破袋神器，锦灏佳园还有另一样神器——直角垃圾钩。

随着对湿垃圾纯净度要求的逐步提高，保洁员张师傅还要负责二次分拣工作。张师傅说，最初他直接用手分拣，但是垃圾桶过深，那些被压在下方的垃圾袋很难被清理出来，而且湿垃圾中鱼骨之类的东西很容易刺伤手。于是他自制了一款分拣神器：直角垃圾钩。

破袋神器

爱芬环保　拍摄

整个钩子大约70厘米长，弯曲的前段长10厘米左右，呈90°直角。一方面，钩子比夹子更好用，因为有的垃圾袋子扎得紧，只能撕开垃圾袋才能倒出湿垃圾；另一方面，把钩子做成直角，更容易刺中，并钩起埋在底下的垃圾袋。这样一来，张师傅就能比较轻松地进行二次分拣，提高工作效率。

但是，为什么需要保洁员帮社区做二次分拣工作呢？

这是由于居民还没有完全养成垃圾分类的习惯，为了保证湿垃圾的纯净度，保洁员需要对居民投放的湿垃圾桶进行二次分拣，把扔错的混合垃圾取出来，把未除袋的湿垃圾破袋。所以，如果居民在家认真进行垃圾分类，就是在减轻保洁员的工作负担。

除了破袋神器，也有一些居民用废旧容器自制湿垃圾桶。比如，徐汇区虹梅街道航天新苑小区的居民将用完的黄酒桶改造成湿垃圾桶，既有把手拎起来轻便，还可以循环使用。这些神器的出现，都是上海居民认真参与垃圾分类工作的证明，而这些神器未来也能帮助更多的居民积极参与垃圾分类。

| 撰文　爱芬环保

执法的困境

根据《上海市生活垃圾管理条例》规定，个人将有害垃圾与可回收物、湿垃圾、干垃圾混合投放，或者将湿垃圾与可回收物、干垃圾混合投放的，由城管执法部门责令立即改正；拒不改正的，处50元以上200元以下罚款。单位未将生活垃圾分别投放至相应收集容器的，由城管执法部门责令立即改正；拒不改正的，处5000元以上5万元以下罚款。

那么，在垃圾分类的实践过程中，执法情况如何呢？

2019年9月，在澎湃新闻"市政厅"栏目举行的第三次垃圾分类讨论会上，上海某区的城管执法人员王局长认为，依靠执法完成垃圾分类不现实。

从根本上依靠执法完成垃圾分类工作不现实，主力还是得依靠居民的支持和社区的综合治理。黄浦区人口日均总和在200万人左右，垃圾定点投放为4088吨，而城管的执法数量只有400多人。上海市的生活垃圾分类涉及强制整改，居民必须分类后投放，如拒不整改或逾期不整改超过两次，才能实施罚款处置。当初设立立法标准时，我们提出，如果违法行为证据确凿、程序正当，就应该对其实施法律制裁，但是条例生效后，仍然要求第一、二次违反口头警告整改。而且执法队需要做工作记录，整改的时长可能持续很久，效率低下。

　　每个街道都有城管执法中队，他们的任务是确保垃圾分类的执法工作依法展开。如果居民在垃圾投放点发现违反条例者经过劝告拒不整改，可以通过拍摄照片、摄像头取证等取证手段留存证据，之后联系城管则可被受理。当然，目前的法律程序较繁复，责令整改的方式只是一种规劝。

　　2019年与2018年相比，城管垃圾问题的执法率上升了135.9%，1—8月底的罚款总额已经达到945859万元，主要针对的是企业。罚款主要是针对餐厨垃圾和湿垃圾，这也在黄浦区的日常生活垃圾分类规范化上造成很大压力。在单位范围内，大多是商务楼宇未按规定分类投放垃圾，也有个人案例。实际上，执法力度仍然较为宽松，基本原则是干湿垃圾必须分离，以及有毒有害垃圾和其他垃圾必须分离。

　　其中一个困惑是乱投放垃圾处罚效力的问题，投放垃圾不规范只是瞬间行为，不容易固定证据。但是固定证据对于提高效率很重要。现在法律法规以教育引导为主，不注重处罚，这对一线执法者而言必须明确。

城管执法的困境

薛政（上海居委会工作者）：对于基层来说，城管似乎没有如此频繁执法。根据条例，执法人员开罚单需要取证，拒不整改的个人需要取证三次，才能开出罚单。第一次取证后，下一次取证会非常困难；并且，开放式的小区，来往的很多人不是小区居民，更难以执法。因此，政策实施一个月后，志愿者处在了疲劳期，如果后期惩处力度不到位，可能会导致前功尽弃。

不语（上海居委会工作者）：垃圾分类7月1日实施，城管第二天上门表示开始执法，从此就不见踪影。不论哪个执法部门执法，最后只能由居委会出面解决问题。

贾先生（上海绿化市容局工作人员）：这个问题很简单，是成本问题，检查和执法耗费的成本不一样。

不语：执法成本在我这里无从体现。7月1日起，我们小区把所有摄像头对准了垃圾桶，我留存了所有的居民违法信息，只要城管来进行执法，我立刻就可以提供证据。但是我上报之后，城管也不愿意来。

戴星翼（复旦大学环境科学与工程学院教授）：这也是成本问题，城管如果来执法了，成本才高，不来执法，成本就很低。

不语：如果是这样，最后居民们就发现城管从不进行执法，所以出现了返潮现象，前期做的大量工作慢慢就白费了。

　　垃圾分类前，有人放言说政策实施后会像禁燃烟花一样严格管制，违反者要被罚款，于是居民在实施前两周都很认真地分类。后期发现管制并未如此严格，部分居民就懈怠了。

贾先生：禁止燃放烟花约束的是少数人，垃圾分类约束的是所有人。

不语：对此我们的办法是，把摄像头换到垃圾桶旁，拍下违规者的视频和照片，警告城管会上门执法。在我第一次告知时，城管上门了，后续没有再来执法，警告就没有威慑力了。我们街道的城管忙于纠察店面的垃圾分类违法行为，只要店面的垃圾几夜不分类，立刻开罚单。

如何约束社区周边的商户

夏杨（上海豫园街道学院居民区党总支书记）：我们的社区属于开放式社区，周围有很多小菜贩、商贩，他们的垃圾都产生在垃圾箱房不开放的时间段，于是都丢弃在箱房周围，我们只能在垃圾清运以前进行打扫处理。针对这一问题，我们也组织了一次居委会、市容局、环卫和城管中队的联合上门劝诫，希望能有效果。我们也希望先对拒不整改的商户劝诫，以此起到威慑作用。

王局长：按照生活垃圾分类条例的规定，菜场、农贸市场经营者不属于居民，由专门的市场监督管理处罚中心依据农贸市场的标准进行管理。其实采用《上海市市容环境卫生管理条例》就足够了，因为他们的行为属于乱扔垃圾。按理说，经营户应遵循上海市规章制度，与市容局签订合同、缴纳费用，处理产生的湿垃圾。

听众：我们社区里也有很多商铺，主要是餐饮企业，前段时间我们为小商铺成立了一个小型工会，邀请了专业律师，在工会成员到齐的情况下一起签订垃圾处理问题的协议。许多商铺的处理方式是交费，垃圾也是定时定点统一回收，所以目前还未有商户乱扔垃圾的现象。

郝利琼：我看过一个案例，社区把所有商户约100家联合成一个团体，轮流担任志愿者，每天固定时间上门向其他商户劝诫。如果商户能完成志愿者工作，就说明他们有指导他人的能力，且自身能做到按规定分类。这样商户本身就做到了自我管理和监督。

如何约束社区周边的商户

听众：我们小区大多数出租的房屋都会交给自如代理，我们也在垃圾分类正式实施前找到自如的管家进行沟通，询问如何规范租户的垃圾分类行为。甚至请城管和律师一起与自如协商，律师也提议要把责任条款写进出租合同，但是自如没有采纳。撤桶后，我们发现自如的保洁人员有乱扔垃圾的行为，于是又请城管对自如进行批评教育。一个偶然的契机使我们与链家取得了联系，他们表示自如是自己的子公司，并对保洁人员进行了批评教育。之后，链家也表示已与法务沟通，着手把垃圾分类条款写进出租合同中，规范垃圾分类责任。所以目前达到的效果较为显著。

王昀：这就相当于多了二房东的责任主体。

听众：是的。我建议房产中介能把垃圾分类相关的内容和条例写进出租合同，规避自己的责任，也提醒租户明确自己的分类义务。我们作为居委会可以完成监督指导工作。

刘春彦：我进一步提个建议，垃圾分类条例可以把分类义务从中介合同义务转化为法律义务。比如，在垃圾分类条例里写明，出租人有义务督促承租人及转租人履行垃圾分类义务，否则主管部门有权进行处罚。由此把业主、自如和租户捆绑在一个条款内。

垃圾分类从
城市走向农村

上海市金山区朱泾镇：三级"桶长制"与垃圾"八分法"

朱泾镇位于上海市金山区，那里的待泾村和大茫村作为上海市的远郊乡村，正积极响应垃圾分类的号召，结合当地实际情况，推行适宜的分类与回收方案。

待泾村：三级"桶长制"外加轮流值日

朱泾镇待泾村采用的是自主管理模式，并积极探索出三级"桶长制"的管理新路径，家家户户轮流值班，以此调动村民积极性。

书记是一级桶长（1人），村领导班子成员为二级桶长（5人），保洁员为三级桶长（35人），还聘请保洁员进行垃圾收集和运输，并在全村35个村民小组广泛开展入户宣传教育。

村里推行了垃圾分类"值日生法"，每周由埭上一户人家负责值日，清理埭上垃圾、巡查安全隐患，还要检查其他村民垃圾分类是否正确。

大茫村：结合农村实际推出垃圾"八分法"

在大茫村，村里结合实际情况，在城市垃圾四分类的基础上，又增加了村民造新房留下的建筑垃圾、可堆肥的秸秆垃圾、旧沙发和破床垫等大件垃圾、农药瓶子和包装等农药品回收垃圾这四大类，叫作农村垃圾分类"八分法"。

对于后面这四种垃圾，村民只需要集中堆放在家门口，保洁员看到后，就会驾驶保洁车把这些垃圾统一清运走。

不同垃圾也有不同的处理方式：农村造新房留下的碎砖头有了统一回收点，可以在农村路面拓宽时用作路基，实现废物利用；收集的秸秆杂草可以用来积肥还田；大件垃圾如旧手推车、旧沙发，通过专人拆除后再分类；木料等可燃物可以拿到土灶当柴烧，部分材料可以回收；空的农药瓶等属于农药品回收垃圾，集中后由农业部门统一回收。

朱泾镇大茫村的农村生活
垃圾分类收集点。

澎湃新闻记者　俞凯　拍摄

垃圾细分后，大茫村原来每天3～5吨的垃圾，现在减量了6%。

除了源头减量，末端垃圾资源化利用也是金山区着力推进的方向。目前，金山区正在积极推进区固废综合利用工程（湿垃圾处置）、建筑垃圾资源化利用、永久生活垃圾综合处理厂改扩建工程（一期、二期）等项目建设，不断完善金山区垃圾综合处置体系。

撰文　澎湃新闻记者　俞凯　通讯员　汝晶晶　许士杰　冯秋萍

参考资料：
[1] 俞凯，汝晶晶，许士杰，冯秋萍.垃圾分类经验吧｜远郊乡村如何分类？这个镇用桶长制、八分法
[EB/OL]. [2020-02-15]. https://www.thepaper.cn/newsDetail_forward_3678280_1.

上海市浦东新区航头镇：垃圾桶装上了芯片

在浦东新区航头镇，每户村民家的干、湿垃圾桶都植入了一枚小芯片。有了这样的"实名认证"，村民每天扔多少垃圾，分得好不好，监管平台一目了然。不仅村民家，航头镇每50～100户农户配有1名"桶长"，桶长负责收运各自片区村民家的生活垃圾。如今，每个桶长负责的收集桶和清运车，以及遍布航头镇各村的垃圾综合处置站，全都安装了智能芯片。

据航头镇城市运行管理办公室主任吴平介绍，2019年6月起这一智能监管平台在全镇铺开。在此之前，航头镇日均干垃圾产出量约210吨，到9月已减少至110吨;湿垃圾量从此前日均10吨上升至9月的60吨;

可回收物也从日均8吨上升至98吨。

2019年3月，航头镇在长达村率先启动智慧监管平台。每天清晨五六点，该村的一名桶长王慧仙开着收运车到自己的片区，挨家挨户收运村民门前的生活垃圾。每户村民家门口放着一组干湿两分类的垃圾桶，桶长过来后，把垃圾装进收运车上的分类收集桶。不过，现在收垃圾比以往多了一步操作——桶长会先把垃圾桶放到特制的收运车上"一键考核"。

"垃圾桶放上收运车称重时，芯片会自动感应"，王慧仙介绍道，感应后，收运车的显示屏上会有收运车编号、垃圾桶户主、垃圾桶类别以及测量的重量等基本数据。此时，桶长通过检查村民干湿垃圾的纯净度，在屏幕的考核栏里对垃圾分类情况进行打分，有优、良、一般、差等四个等级。而这些信息，都在收运时即刻传输到监管后台，实时更新。"如果桶里杂质不超过总量的5%，就给个优。如果分得很差，杂质超过40%，那就给差了。"王慧仙说，其实村民分得都挺好的，用自己的环保积分还可以在村里换肥皂、油盐等日用品。

长达村九组村民汪国章说："在推行智能监管之前，村里先开展了集中培训"。他家平时两口人，每天干垃圾不到0.5公斤，湿垃圾1公斤左右，晚上睡前他把分类垃圾放到家门口。"现在已经习惯分类了，每天早上人家来收，分不好小桶长还要提醒。"不仅如此，航头镇每个村都设有综合垃圾处置站（共8个综合垃圾生化处置中心），桶长把片区内收运的垃圾运到综合处置站后，每个站点的站长要再次对运来的垃圾进行考核，并再次打分上传。

"如果桶长发现村民分得不好，或者站长发现桶长收运时有混装混运，现在都可以实时监管到，做出相应的宣教和管理。"吴平表示，农村地区一直都采取集中收运垃圾的方式，单单依靠保洁员上门收垃圾时监督还不够。保洁员和村民都是熟人，时间久了可能睁一只眼闭一只眼，不好意思给"差评"。现在结合安装芯片的垃圾桶、清运车、综合垃圾处置站，数据实时上传，层层监管，信息也可以追溯，这样一环扣一环，便实现了垃圾全程分类监管的效果。

长达村的试点逐渐完善后，2019年6月起，航头镇在辖区13个行政村全面铺开智能监管模式。令人称赞的是，航头镇不仅把干湿垃圾分类，还实现了湿垃圾就近处置，制作堆肥。在长达村综合垃圾处置站，设有专门的生化处置设备。当桶长把湿垃圾送到这个站点后，站长汪能成一边检查还要一边再次分拣，提升湿垃圾纯度，然后，把湿垃圾投入生化处置设备里进行处理。

"经过12～18小时发酵，湿垃圾可以制成有机肥。"航头镇副镇长范叶青说，目前产出的有机肥，都直接用在航头镇辖区的公益林、绿化养护带中，村民也可以免费来取用。

范叶青提到，垃圾分类的经济效益正在日益显现。以长达村为例，湿垃圾就地处理后，每年可节约后端转运处理费用3.5万元。同时每年产生的堆肥价值约1.2万元。而整个航头镇的分类体系建立后，每年可节约34.57万元，三年多时间就可收回一次性投入的118万元，从第四年开始每年净节约34.57万元。

此外，航头镇在可回收物处理上也动足了脑筋。范叶青表示，该镇与当地企业合作提供上门收集可回收物的服务。利用村里的小卖部、村可回收物集中堆放点等网络，把村民分散的可回收物集中，再由企业通过市场价回收。"以前都是'摇铃族'来收，不稳定，现在统一回收效果很好，航头镇可回收物的量已经从平台建设前的日均8吨，上升到98吨。"范叶青说。

范叶青表示，通过建立垃圾分类智能体系，航头镇目前实现了垃圾分类质量评估、分类垃圾计量、绿色账户积分兑换、垃圾收运调配、湿垃圾就地生化处置等目标，这为农村生活垃圾分类减量和精细化管理奠定了基础。

撰文　澎湃新闻记者　李佳蔚

参考资料：
[1] 李佳蔚. 垃圾桶装上了芯片，上海浦东航头镇垃圾分类可"一键考核" [EB/OL]. [2020-02-15]. https://www.thepaper.cn/newsDetail_forward_4759534.

大城市的垃圾分类风，何时吹到中西部农村？

在沿海发达地区的农村，垃圾分类走在前列，但在经济比较落后的中西部农村，要想真正推广并建立垃圾分类机制，还需要不少时日。想要让老百姓理解并接受这种观念，也需要不少努力。因为那里有很多人在心底没认识到垃圾分类的必要性，也不知道该如何进行正确分类。如何让这些人养成分类的习惯，考验公共政策宣传的智慧和执行的效力。

在湖北省西北部的一个贫困县，当地人多数以种地为生，不会对垃圾进行分类。各家产生的垃圾，都会被清扫后集中在屋外的角落里，任其自然分解。住在河边的人家，把垃圾倒入河中，随水流走。

起初垃圾都是土生土长的，主要是厨余垃圾，比如饭菜、洗碗水等。随着经济发展，县里趋于开放，一些塑料制品，比如一次性塑料袋、零食包装、化肥袋、塑料薄膜等进入山村家庭。很快人们就发现了塑料对土壤的污染。扔在菜地里的塑料周围蔬菜的长势要差很多，塑料垃圾造成土壤肥力严重下降。于是，有人把塑料扔到很远的地方，经常能在山上的荆棘丛中看到鲜艳的塑料袋子。青山绿水间，这些飞扬的塑料袋，引起视觉的极度不适。

左上：房前屋后直接堆放的垃圾
左下：腐熟中的厨余
右上：村里垃圾的分类回收
右下：面对面实现垃圾分类教育

陈立雯　拍摄

来源：河北西蔡村垃圾分类试点：
四步操作让垃圾减量七成
https://www.thepaper.cn/
newsDetail_forward_2705408_1.

　　久而久之，塑料带来的土壤污染受到重视。令人印象格外深刻的是，过去村里学校对面山上的马路下，每到晚上就会冒着火光，整夜都不会熄灭，吓得大家以为是鬼火。后来才发现，那是镇上建立的一个巨大的垃圾堆。山村和镇上产生的垃圾，有的就被运到那里，点火燃烧，昼夜不息，刺鼻的味道随风扩散。

　　除了塑料垃圾，伴随着罐头、啤酒等商品的流通，玻璃瓶也越来越多。走进山村，看到某户人家的墙边堆着几米高的啤酒瓶，就说明这家的经济实力不错。经济宽裕的家庭还会买健力宝。对于玻璃瓶和易拉罐这类垃圾，乡亲们倒是很喜欢，因为可以卖钱。虽然价格低廉，但对农家来说，能换一点是一点。不过，也有大量的这类垃圾，被随意扔弃，很可惜。

　　直到前几年，县里才建立起专门的垃圾处理场，可以远远地看到在马路边升起缕缕青烟。据说那里有专门的工作人员在处理垃圾。而这个垃圾处理厂，与过去的垃圾燃烧场只隔一个山头。但有了这个处理场后，路过时也几乎闻不到刺鼻的味道了。

　　虽然只是一个山头的地理距离，但仍花了五六年时光。山村垃圾处理的步伐，走得很慢很慢。哪怕如今，人们总说垃圾分类的时代已经来临，以这座湖北县城为代表的农村，垃圾分类恐怕尚未开始，甚至从未听说。

　　期待大都市的垃圾分类风，尽早吹到中西部农村。

撰文　江南好

参考资料：
江南好. 论习惯的养成｜大城市的垃圾分类风，何时吹到中西部农村？ [EB/OL]. [2020-02-15].
https://www.thepaper.cn/newsDetail_forward_4149590

上海一处回收广告

澎湃新闻记者　周平浪　拍摄

其它垃圾

2018 年 5 月，上海市中心一处垃圾桶

澎湃新闻记者　冯婧　拍摄

地铁惠南站附近，临近上海老港再生能源利用中心

澎湃新闻记者　周平浪　拍摄

4

垃圾最后
去哪儿了

不同的垃圾
如何处理？

垃圾从居民家中出来后，会分类运送到不同的垃圾处理末端，在这些末端的垃圾处理设施里，垃圾又会经过怎样的流程，最终减量并转化成对环境无害的物质呢？城市的垃圾填埋在哪里？垃圾焚烧后会产生什么？湿垃圾如何转换成肥料回归土壤？

本章节，我们将用插图（见本书开头的三张插图）和案例的形式来一一介绍。

我国最早的垃圾填埋处理标准制定于1988年，自此才有了现代意义上的垃圾填埋场，而卫生填埋也成了生活垃圾处理的主要方法之一。所谓卫生填埋，是指填埋场采取防渗、雨污分流、压实、覆盖等工程措施，并对渗沥液、填埋气体及臭味气体等进行控制的生活垃圾处置方法。

然而，随着许多城市垃圾填埋场提前透支，垃圾焚烧场逐渐增多。

焚烧处理被视为比填埋处理更先进、对环境影响更小的手段。垃圾焚烧是指将垃圾归集整理后，用燃烧的方法加以处理。焚烧处理的主要优势在于，能有效减少垃圾的体积与重量。而焚烧处理后，最终产生的烟气、垃圾渗沥液、废水、炉渣和飞灰等，经过特殊处理流程，在符合国家排放标准后再排放出来。根据"十三五"规划，到2020年，中国垃圾焚烧处理率要达到40%。

卫生填埋和焚烧主要针对干垃圾，那么湿垃圾又如何处理呢？

　　其实，湿垃圾可以变废为宝。在一些湿垃圾再生中心，餐厨废弃物经过预处理分拣、高温耗氧发酵和深加工后，可以转化成改良土壤的土壤调理剂产品；而在另一些垃圾再生中心，经过粉碎、厌氧发酵、沼气纯化后，餐厨废弃物可以变成可再生能源——沼气。而在一些社区和家庭中，厨余垃圾、植物残渣、动物粪便等废弃有机物，也可以通过一些简单易行的生态堆肥方法，变为肥料，真正做到从土壤中来，到土壤中去。

　　对于公众来说，了解不同的垃圾末端处理流程意义重大。

　　一方面，会帮助大家更加正确地分类，比如，湿垃圾可以加工成肥料，所以不要把纸巾、牙签等混入，否则会给后端处理带来很多不便；另一方面，也会让大家对垃圾分类产生更多的认同，让大家了解垃圾分类可以让更多资源得到有效利用，那么居民在家花费的分类时间就有了直观的价值。

｜　撰文　澎湃新闻记者　冯婧

上海的湿垃圾
如何处理？

从土壤来，
到土壤去

上海闵行区餐厨再生中心建成于2017年3月,设计处理量是每天600吨,一期的设计量是200吨,二期(2019年8月开始运行)的设计量是400吨。从2017年到2018年上半年,每天处理量在140吨左右。2018年下半年开始,基本属于满负荷运行状态,高峰期日处理240余吨。

上海闵行区餐厨再生中心的管理单位是闵行区绿化和市容管理局,由北京嘉博文生物科技公司运营,该公司在全国有13个运行中的餐厨处理厂。目前,闵行区餐厨再生资源中心主要处理闵行区的餐厨垃圾。二期运行后,会覆盖长宁区、徐汇区的部分餐厨废弃。

通常说的餐厨垃圾主要是餐厅及食堂等吃剩的饭菜,肉饭比较多;而居民区的湿垃圾主要包括菜叶菜皮、瓜果皮、动物内脏、少量剩饭剩菜等。在没有垃圾强制分类时,餐厨垃圾里还会有衣服、鞋子、锅碗瓢盆,甚至菜刀都在里面。而现在主要的混杂物有塑料袋、塑料瓶、酸奶盒等。

垃圾分类及处理餐厨垃圾有什么意义？

(1)有效遏制餐厨废油回餐桌和泔水猪的问题。

(2)显著提高餐厨垃圾的资源化水平,摸索技术和运营等方面的实践经验。

(3)城市生活垃圾的处理难度和环境影响明显降低。

(4)市政管网堵塞问题得到缓解。

(5)通过优质高效的土壤调理剂的使用,助力农业供给侧改革和农产品消费升级。

(6)有力促进碳减排工作。

闵行区餐厨再生中心的工作是,把餐厨废弃物经过预处理分拣、高温耗氧发酵、后处理深加工,转化成一种改良土壤的土壤调理剂产品。

其实,餐厨废弃物本身就是高蛋白、高能量的,直接来自餐桌,没有被吸收过。所以,经过发酵变成土壤调理剂后,对土壤的有机提升、土壤的改良是非常好的。

北京嘉博文生物科技公司其实是一家环农一体企业，其最后生产的土壤调理剂主要与政府或政府牵头的大农户合作，比如上海崇明岛的柑橘、烟台的苹果、四川的猕猴桃、甘肃的枸杞、安徽的中草药和福建的白茶等农企。这些产业一是当地的经济特色产品，二是经济价值比较高的农副产品。

而对于企业来说，处理垃圾的成本费用并不低，企业的盈利点主要来自以下几点。

首先是油脂。实际上，餐厨废弃里面油的含量还是很高的。闵行的餐厨垃圾大概是2%左右，油脂由政府指定的有资质单位来回收。上海目前有200多个加油站都有餐厨废弃油脂油提炼后的生物柴油，很多公共汽车都在使用这种生物柴油。

其次是补贴。政府建设餐厨资源化中心，企业负责运营，政府给予补贴费用，目前闵行区的补贴是46.57元/吨。

最后是收益。企业生产土壤调理剂——高端生物有机肥，由于有机质含量可达75%以上，在市场上销售价格能比一般有机肥高2～3倍。

所以，这就是湿垃圾的处理过程：从土壤里来，再回到土壤里去。

撰文　吕长红　冯婧

参考资料：
[1] 冯婧.垃圾再生｜湿垃圾去哪里了：从餐桌来，到餐桌去[EB/OL]. [2020-02-15].
　　https://www.thepaper.cn/newsDetail_forward_4323670.

社区就地处理

上海徐汇区虹梅街道设立"一区三点"湿垃圾回收处理模式，所有清运的湿垃圾纯净度已达90%，基本实现湿垃圾不出社区、就地处置利用的目标。

"一区"是指市民环保体验中心，包括湿垃圾装卸点、处理加工装置、油水分离装置和科普展示厅，每天可处理20吨左右餐厨垃圾。"三点"则分别位于华悦家园小区、捷普科技厂区和越界园区，安装了湿垃圾处理设备，可以就近处置5吨左右的湿垃圾。

湿垃圾投入设备后，经过油水分离和挤压等程序，分离出中水、可用作生物柴油加工的油脂，以及饱含生物菌种的堆肥原料。该设备处理一桶120升的湿垃圾，大概花费15分钟。

据虹梅街道党工委书记蒲亚鹏介绍，虹梅街道地处漕河泾开发区核心区域，居民人口不足3万，但在开发区园区工作的职工则达到近30万，有大型职工食堂68家，各类餐饮企业300多家，是辖区内餐厨垃圾的重要来源。

上海闵行区餐厨再生资源
中心的垃圾处理厂房内景。

冯婧　拍摄

虹梅街道早在2016年就开始推广垃圾分类，推行定时定点投放和
湿垃圾破袋等措施。2018年，虹梅街道开始建设这套湿垃圾就地处置
体系。

"餐厨垃圾的纯净度问题，是就地资源化处置的重要关注点。"蒲亚
鹏说，一旦有异物混进来，比如一个小铁勺子，处置设备就可能遭受损
伤。而餐厨垃圾的纯净度提高后，末端处置压力就大大减轻，产出的有
机肥品质更好。

"每天下午2点把上午的湿垃圾运到处置点处置，下午到晚上产生
的湿垃圾，在晚10点左右再次运到处置点处置。"蒲亚鹏说，这个做法
保障了居民区湿垃圾桶的清洁度，避免了隔夜湿垃圾发酵造成的污染。

撰文　澎湃新闻记者　李佳蔚

参考资料：

[1] 李佳蔚.垃圾分类经验吧｜日均处理25吨,餐厨垃圾将做到不出社区 [EB/OL]. [2020-02-15].
　　https://www.thepaper.cn/newsDetail_forward_3779953_1.

社区花园及家庭的生态堆肥

在社区花园践行生态堆肥，方法易操作、成本低，又极富共享性，具有
高度的公众教育普及价值。这个教育与实践过程能培育居民垃圾分类、
回收与再生意识，鼓励时尚环保的生活方式。

生态堆肥，就是将厨余垃圾、植物残渣、动物粪便等废弃有机物变
为肥料，模拟大自然的物质循环，利用微生物将其分解成养分。这样产
生的肥料能改良土壤结构，提高土壤肥力，同时增加更多的微生物，有
助于植物的强健生长。

上海四叶草堂在其社区花园实践中，结合多种堆肥技术进行种植。例如，杨浦区的创智农园内有个堆肥桶，周边居民可以按要求把日常的厨余垃圾丢进来，就近消耗。这个堆肥桶无需任何动力，但其价格相对较高，单价6000元。

以下是一些适合社区和家庭使用的简单易行的堆肥手段。

蚯蚓塔堆肥

蚯蚓塔是有效处理和利用厨余垃圾以及宠物粪便的好方法。蚯蚓的粪便有助于形成土壤的团粒结构，让土壤变得更加肥沃。其制作方式简单，不会产生异味，能简易地嵌入社区花园中。

蚯蚓塔的做法流程如下：

第一，截取一段约1米长、直径约15厘米的PVC管（由于蚯蚓避光，因此管子需要是不透明材质）；

第二，在将要埋插入泥土的部分随机钻洞，这些洞用于让蚯蚓从其他地方钻进管里吃东西；

第三，将做好的蚯蚓塔插入泥土中固定，在里面放入蚯蚓爱吃的食物，注意要在顶部盖上盖子，盖子要容易开合以防止雨淋或滋生虫蝇。

需要注意的是，居民需将捡拾宠物粪便的塑料袋或报纸与粪便分开投放，避免污染土壤。也可以在社区花园工具处，配一把专门"铲屎"的夹子，这样就不需要塑料袋或报纸了。

蚯蚓塔堆肥示意图

廖小平　尹科变　绘

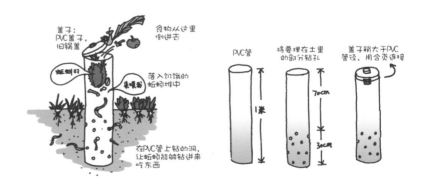

厚土栽培

厚土栽培又称"三明治堆肥法"，是将各种有机物一层一层堆叠起来，通常可利用场地草木修建得到的枝条、落叶、草屑等，以及家里拿来的厨余垃圾。

左：厚土栽培示意图
右：方形堆肥箱制作

廖小平　尹科奕　绘

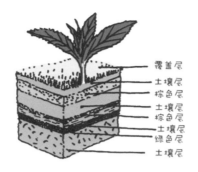

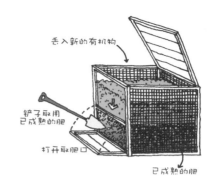

其堆叠顺序由下到上分别为：土壤层、绿色层（新鲜蔬果）、土壤层、棕色层（落叶等）、土壤层、棕色层（落叶等）、覆盖层（松针等），像"三明治"一样层层堆叠，由此方法制得的厚土的水肥能力远远高于普通土壤。

落叶堆肥

落叶堆肥是一种懒人制肥法，通过集中堆放枯枝、树叶、杂草等园林废弃物，任其化为黑土，再用它来肥沃土壤。新的废弃物不断从上方丢入，堆积物渐渐下沉，底部的更早成熟，一周就可以降解。有的方形堆肥箱还设置取肥口，无需翻动即可拿到底部的熟土。

落叶堆肥示意图

廖小平　尹科奕　绘

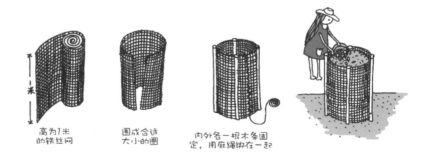

家庭堆肥法

酵素堆肥是一种适合在家操作的简易的肥液制作方法。材料以水果皮、水果渣为主，以鲜菜叶等餐前厨余垃圾为辅（柑橘类、菠萝类能让味道比较芬芳，但西瓜、香蕉等水果就不适合用来制作酵素）。

具体操作时，注意将水果腐烂的部分和果核去掉，加入糖蜜（红糖

上：小小志愿者参与
厚土栽培
中：居民参与培土
下：殷行街道一米菜园
种植＆厚土栽培

刘悦来　拍摄

蜜）。其中，厨余垃圾、糖蜜、水，以1∶3∶10的比例为最佳，所有材料放入容器中（最好透明以便观察），让糖水没过固体厨余垃圾，容器需放置在阴凉通风处密封存好，前10天需常开盖放气，发酵约三个月即可使用。

酵素可用作液体肥浇花浇菜，有助于减少病虫害，也可用于清洁。余下的酵素渣滓可与其他肥混合再埋土，辅助堆肥，既不臭又能加速制肥。

此外，有氧热堆肥和红蚯蚓冷堆肥也是可在家中进行的堆肥实践。有氧热堆肥是将厨余垃圾与褐色肥料进行混合搅拌，最终产出质量高的堆肥，里面大量的好氧微生物对土壤改良大有帮助。红蚯蚓冷堆肥，简而言之，就是让好胃口的红蚯蚓来吃厨余，做好的红蚯蚓堆肥是上等肥料。此外，观察蚯蚓也是适合大人与小朋友一起参与的亲子活动。

撰文　曹书韵

参考资料：
[1] 曹书韵.垃圾再生｜社区花园生态堆肥操作指南[EB/OL]. [2020-02-15].
　　https://www.thepaper.cn/newsDetail_forward_5528211.

广中街道第三市民
驿站活动-环保酵素制作

四叶草堂　拍摄

湿垃圾可以粉碎直排吗？

上海每天产生的生活垃圾中，厨余垃圾超过六成。据澎湃新闻报道，自上海宣布推行垃圾分类以来，市场上出现了各种类型的家用厨余垃圾处理设备，且销售火爆，有低至300多元的廉价设备，也有高达8000多元的"神器"。厨余垃圾处理器安装在厨房下水管道处，可将瓜果蔬菜的表皮、残渣以及剩饭剩菜粉碎掉，最终排入污水管道。

然而，上海水务部门人士表示，如果将粉碎处理后的湿垃圾直排污水道，对连接家家户户和污水处理厂之间的城市地下管网是一大考验。通常来说，市政污水管网在设计之初并没有考虑接纳厨余垃圾，经过破碎的厨余垃圾是否可以顺利输送到污水厂，管网的管径、坡度、水位、水泵等都是影响因素。

清华大学环境学院教授蒋建国表示，厨余垃圾被粉碎后并不是液体，久而久之会沉淀在管道内。尤其在冬天，饭菜里的油脂进入管道，混合在垃圾中一起冻住，即便是管径大的管道，也极可能造成堵塞。

此外，不少市政管网存在雨污混接的问题，这意味着破碎厨余垃圾形成的部分污水，可能通过雨水管网直排到河道和海洋。

蒋建国表示，多年前他家厨房就已安装这套设备，"安装厨余垃圾粉碎机，许多地方其实已经都有了，问题在于它能力有限。"

如果大量的厨余垃圾进入污水官网，必须及时完善污水处理厂的配套设施。因此，从本质上看，将湿垃圾粉碎后排往污水处理厂，并不是一种资源化利用。

此外，爱芬环保郝利琼认为，厨余垃圾粉碎机耗电耗水，而且这种处理方式，使大量的有机质无法回到最需要有机质的土壤里，没法形成一个生物质的完整循环。

撰文　澎湃新闻记者　李佳蔚　俞凯

参考资料：
[1] 李佳蔚，俞凯. 厨余垃圾粉碎器成厨房新宠？专家：不可将所有湿垃圾粉碎直排
[EB/OL]. [2020-02-15]. https://www.thepaper.cn/newsDetail_forward_3705257_1.
[2] 王昀，杨旭，郝利琼，等. 复杂社区│垃圾分类实践：要相互看见，也要协商、
参与和监督[EB/OL]. [2020-02-15]. https://www.thepaper.cn/newsDetail_forward_3757686.

上海的再生
资源回收

花园式
垃圾
中转站

上海闵行区浦锦街道垃圾中转站2017年11月启动建设，2018年7月投入试运行。这里白天是垃圾车进进出出和干湿垃圾分拣、压缩、转运的中转站；傍晚，则变成周边居民散步、休闲、跳舞的后花园。

"这块土地是'五违四必'大整治后的闲置土地，中转站占地面积8561.9平方米，周边种植绿化约3000平方米。"浦锦街道垃圾中转站负责人陈光辉透露，该中转站设计日处理量为生活垃圾160吨、湿垃圾30吨、毛垃圾60吨、绿化垃圾60吨，每日干、湿垃圾的处理时间为凌晨3点至下午3点，其他垃圾处理时间为每日早晨5点至下午5点，均采取两班制运行，每班运行6～7小时。

中转站工作人员陈光富说，存储容量大、压缩能力强、环境评价优（水雾炮降尘祛味）是他们这个垃圾中转站的三大特点。中转站可满足30～60天的垃圾应急存放需要；经过压缩处理，可实现湿垃圾60%～70%的减量率；可在5分钟内完成床垫、沙发等大件垃圾的破碎、分拣、收集。每个垃圾卸料泊位设置4个水雾炮，每隔2分钟喷洒1分钟，起到阻止恶臭气体扩散和局部降尘的作用。

在中转站，还有一台德国进口的绿化粉碎机。陈光富说，小区的行道树、乔灌木、村民的秸秆都可以收集过来粉碎，可处理的树木最大直径达30厘米，粉碎之后直接做成肥料回填还林。垃圾压缩及场地冲洗等产生的废水，经管道收集后进行预酸化处理，两次沉淀后通过MBR膜生物反应器对污水进行处理，达到排放标准，通过市政污水管道进行排放。废气经收集后进入碱洗塔进行过滤处理，也达到排放标准。

撰文　澎湃新闻记者　俞凯

参考资料：

[1] 俞凯. 垃圾分类经验吧｜"最美垃圾中转站"可实现湿垃圾减量60%[EB/OL]. [2020-02-15].
　　https://www.thepaper.cn/newsDetail_forward_3694604_1.

大件垃圾
如何处理

2019年7月3日，上海市绿化和市容管理局制定了《关于规范本市大件垃圾管理的若干意见》（以下简称《意见》），对大件垃圾给出了定义，是指"单位和个人在日常生活中产生的，重量超过5公斤，或体积超过0.2立方米，或长度超过1米，体积较大、整体性强，需要拆分再处理后资源化利用或者无害化处置的废弃物品，包括沙发、床垫、床架、桌椅、衣（书）橱（柜）等废弃家具"。

值得注意的是，《意见》中的第一条为鼓励源头减量。一方面，鼓励单位和个人通过选用绿色环保耐用的大件家具、延长大件家具使用寿命等形式，减少大件垃圾排放；另一方面，鼓励具备条件的社会企业开展废旧家具线上线下二手交易、慈善拍卖、捐赠，开展翻新再生等活动，促进大件家具等循环使用。

鼓励大件家具的循环利用必然最重要，但是由于我国的二手交易市场仍不够完善，公众对二手物品的接受度也不如国外高。那么，如果有了大件垃圾，要如何处理呢？《意见》中有如下规定：

• 大件垃圾产生者可以将大件垃圾投放至大件垃圾分类堆放场所，或者通过电话、网络等方式预约可回收物回收经营者或者大件垃圾收集、运输单位上门回收，也可以自行运送至区绿化市容管理部门或者乡镇人民政府（街道办事处）设立的大件垃圾拆解处理场所。

• 各区绿化市容管理部门或者乡镇人民政府（街道办事处）可根据辖区内大件垃圾产生、清运、处理及资源化利用等情况，选择在卫生月、世界地球日、世界环境日等适宜的时间，探索开展大件垃圾集中投放活动，集中投放日当天对大件垃圾实施集中的、免费的清运处理。

• 具备条件的拆分处理场所，可对大件垃圾进行再生处理，促进循环利用。拆分过程中分离的玻璃、金属、塑料、木材等具有再生价值的成分，可纳入可回收物资源利用渠道进行资源化利用，不具有再生价值的残渣，纳入生活垃圾无害化处置渠道。

目前，在上海的一般居住区里，尽管有装修垃圾的堆放点和处理流程，但仍没有大件垃圾的分类处理宣传信息。大件垃圾的全程分类体系仍在建设中。

2018年11月，金山区山阳镇大件垃圾处置站正式开始投产运行，建筑面积4960平方米，为上海市最大的大件垃圾资源化处置站。现日处理量为50吨左右，最大日处理量可达150吨。未来，上海还会建设更多的大件垃圾处理站。

撰文
澎湃新闻记者　冯婧

参考资料：[1] 上海市绿化和市容管理局关于印发《关于规范本市大件垃圾管理的若干意见》的通知[EB/OL]. [2020-02-15]. http://www.shanghai.gov.cn/nw2/nw2314/nw2319/nw12344/u26aw59479.html. [2] 上海大调研. 旧沙发、旧床垫、旧书柜这些大件垃圾，它们应该归属何处？[EB/OL]. [2020-02-15]. https://www.thepaper.cn/newsDetail_forward_3810323_1.

在日本，有任何一边长度超过30厘米的家具、寝具、电器产品、自行车等均属于大件垃圾。这些垃圾的丢弃需要通过网上或电话预约。同时，居民还需在便利店等场所购入"大型垃圾处理券"，相当于交了大件垃圾的处理费。在约定的时间，把有贴纸的大件垃圾放到指定的地方，相关从业者才能顺利完成回收程序。

根据东京新宿区的规定，家用空调、电视机、冰箱、冰柜、洗衣机、衣服烘干机不属于大件垃圾。根据日本的家电再利用法，居民有使其可再利用的义务，需要支付再利用费和运输费。此外，家用电脑、摩托车、汽车等，需要与生产厂家联系，进行回收和再利用。

东京各区的大件垃圾中转站和大件垃圾破碎处理设施的接收堆放场，会通过人工方式进行拣选，分出木制家具等可燃烧类和自行车等不可燃烧类，以及可回收利用的物质（如金属等）。破碎处理后的大件垃圾残余物，如果可以焚烧，就运送至垃圾焚烧处理厂进行处理；如果不适合焚烧，则进行填埋处理。

在东京港区，大件垃圾的处理价格在400～2800日元（人民币25～180元）之间，比如，一个床垫需要处理费400日元，双人以上的沙发需要处理费2400日元。为了推动家具的循环利用，减少大件垃圾量，港区还有"家具回收展"项目，可以免费接收不再使用的状态良好的木制家具。收取的家具经过简单清扫和修补后，将在港区资源化中心的家具回收展上展示，按照到达的先后顺序进行销售，价格在1000～10000日元（人民币60～600元）之间，每个家庭每次限购2件家具。

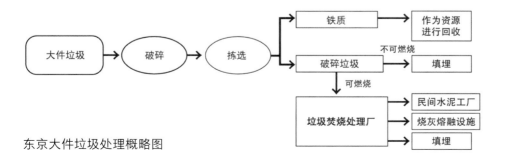

东京大件垃圾处理概略图

两网融合
示范点

"净空间"是上海徐汇区漕河泾街道的两网融合示范点，是一个再生资源全品类一站式回收站，自2019年12月开始运营。目前，每周运营五天，运营时间为早上9点至下午5点，每天的回收量约为500公斤。

在运营时间内，附近居民可以把家里的可回收物送来，交给工作人员，称重后根据公示的"明码标价"获得现金。一般来说，这里的定价会比回收废弃物的小贩高一点。如果在非运营时间，居民也可以把可回收物投入智能回收箱，获得积分，日后兑换礼品。

每天下午4点，当日的可回收物将被运到中转站，在中转站打包后继续运往集散场，最终，这些可回收物会被运送到上海周边城市（太仓、平湖、嘉兴等）有资质的末端处理企业进行再利用。

从"净空间"贴的价格表上可以看出，目前，末端处理较成熟的可回收物包括：废纸（分为黄板纸、书本、报纸、广告纸、杂纸），塑料（分为饮料瓶、杂塑料），易拉罐和废金属。

上海城投环境（集团）有限公司资源利用分公司副总经理沈聪表示，目前回收最多的是黄纸板、报纸、塑料瓶，而旧衣物、玻璃和泡沫塑料都是公益回收，因为其交通运输成本高，属于低价值回收物。

2019年7月26日，上海城投环境（集团）有限公司与徐汇区绿容局达成战略合作，未来徐汇区每个街道都将建设一个类似"净空间"的两网融合示范点，徐汇区还将再建设3～4个中转站，以及不少于1座的集散场。而未来，上海将建成8000个"两网融合"服务点和170座中转站。

撰文　澎湃新闻记者　冯婧

净空间 两网融合示范点 澎湃新闻周平浪 拍摄

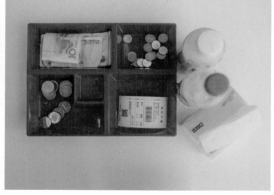

净空间
两网融合示范点

澎湃新闻记者　周平浪　拍摄

外卖垃圾的
困局怎么破？

在诸多垃圾分类问题当中，外卖让很多网友犯难。网络上，不少人表示："大家都出去吃了，因为不想给垃圾分类。"其实，外卖垃圾已经超越了是不是该回收、为什么要回收的问题，而是生活垃圾问题的一个缩影。

外卖垃圾知多少？

2015 年开始，外卖正式崛起并奇迹增速。根据艾媒咨询（iiMedia Research）关于外卖行业的报告，截至 2018 年，中国的外卖用户已增长到 3.58 亿个，整个外卖市场销售额突破 2400 亿元。互联网外卖行业提供了便利的生活方式，也留下了难以化解的代价——外卖垃圾。

可以根据上述报告提供的行业规模做一个估算。如果每份外卖订单价格为 20 元，那么 2018 年，中国总计卖出 120 亿份外卖。换算一下，各大外卖平台每日的总外卖销量为 3287 万份。每份外卖中至少有三个一次性塑料餐盒，也就是每天至少有 9600 万个餐盒，通过外卖平台送到消费者手里。

一个外卖餐盒平均净重为 40 ~ 50 克，还有餐具、餐余、纸张等其他垃圾。经过实地测算，大部分外卖会产生近 200 克的剩菜剩饭。那么，每天卖出的外卖将产生近 6400 吨垃圾。对比全国生活垃圾 48 万吨的日产量，外卖垃圾可占全国生活垃圾总重量的 1.5% ~ 2%。若在外卖产业更为集中的一、二线城市，这个比例将更高。

根据北京某写字楼的生活垃圾情况调查，外卖垃圾的重量比例至少占 40%，有的甚至达到 50%。按照体积占比看，能到 60% ~ 70%。

外卖垃圾的主要成分是塑料和餐余垃圾。从体积占比来看，比例最多的聚丙烯（PP）塑料占比约 70%；PET 塑料占比约 10%，主要来源是外卖中的饮料瓶及部分外卖餐盒；占比约 5% 的聚苯乙烯塑料（PS）是某些冷餐餐盒的主要原料。虽然餐余垃圾体积占比约 15%，但其重量占比却可达 60% ~ 70%。

而大量使用的聚丙烯塑料和中国饮食习惯有关。中国的饮食多汤汁、多油脂和较高食用温度的特点，对包装餐盒也有要求。聚丙烯塑料的耐受温度在120℃左右，盛放食物不会因高温而产生毒素迁移。从经济角度看，聚丙烯塑料成本很低，一个普通大小的塑料餐盒进货价仅为0.8～1元。反观市面上一些所谓可降解塑料餐盒，成本可达3～4元／个，并且无法保证100%可降解。

虽然聚丙烯餐盒在理论上安全，但实际测试中，其材质来源并不均一，部分聚丙烯餐盒在高温条件下使用可能存在风险。

外卖垃圾的处置困局

由于缺乏垃圾分类，加之传统垃圾处理体系的局限，绝大多数外卖垃圾最终只能填埋或焚烧处理。

塑料填埋是第一个处理难题。塑料降解时间需要300年，这将占用大量土地资源。而且，未经处理的外卖餐余，在填埋过程中会发酵产生沼气，对于填埋场的安全也是一项挑战。而焚烧作为最近五年来新兴的垃圾处理方式，也存在一定争议。

过去的垃圾混投让外卖垃圾错失了回收利用的机会。其实，外卖垃圾中的塑料，其制作材料是直接从石油中提炼后，经过聚合反应制造出来的原包料。它不含过多添加剂，性质也更加稳定，符合食品卫生要求。

原包料塑料还具有较高的再生价值。一般来说，原包料塑料可以再生使用三次以上。最理想的方式是回收利用，进入到再生环节。显然，目前只有很少一部分餐盒真正实现了它的价值。

外卖垃圾的回收，主要包括塑料的再生，以及餐余垃圾的无害化处理和再利用。但在回收过程中，也会产生一些负面效应。

塑料回收过程并不复杂。整个回收流程包括：压缩打包运输、破碎、清洗、晾干和造粒。最后，塑料颗粒作为其他再生塑料制品回到消费者手中。目前有很多企业的非食品接触类产品都加入了再生塑料，一方面降低成本，一方面助力环保。

然而，塑料再生过程存在着排污问题。清洗步骤会产生废水，并且由于塑料餐盒普遍附着油脂，为了不影响后续再生使用，必须通过皂化反应去除。这在目前国内的再生行业体系中，存在较多监管不严之处。

外卖餐余垃圾的回收同样存在困难。发达国家主要进行集中回收，然后发酵制肥。但中国人重油重盐的饮食习惯，给发酵制肥带来了困难。由于盐分和油脂量较大，垃圾堆肥时间长，效果不好；而且肥料成分不好，质量参差。目前，多为市政的花草、美化工程会使用一部分这种肥料。

外卖垃圾怎么分类？

自从上海市开始实行垃圾强制分类，外卖垃圾的回收与再利用也看到了希望。很多网友已经开始减少外卖订餐的次数，或点外卖时尽量不向商家索要餐具。

最新数据显示，"饿了么"平台上，无需餐具订单量环比上涨204%，选择无需餐具的用户数量则环比上涨188%，其中不少用户还备注"垃圾分类""少点汤"。同样，美团外卖在上海地区"餐具数量"成为必选项，其中选择"无需餐具"的日订单量进一步提升，最高达到改进前的4倍。

但一次性餐具毕竟只占外卖垃圾中的小部分，一次性塑料餐盒才是外卖垃圾的重头。

要真正实现外卖垃圾减量，作为外卖用户，首先是尽量按食量点餐，做到不浪费、少剩余。不仅是为了环保，同时也减少对粮食资源的浪费。如果产生餐余，也需要将其与餐盒等分类投放，尽量让餐盒里没有流动的水分和液体。

外卖商家应该倡导包装删繁就简。从环保角度看，类似腰封、餐具包装、过度厚实的一次性塑料餐盒，仅有观赏价值，其中一些纸张使用后带有大量油脂，已失去再生利用的价值。

外卖平台也需要担负外卖垃圾问题的企业责任。除了从道德角度倡导环保之外，在商户排名、用户积分、菜品推荐等不损害平台主营收入的项目上，也可以引导商家和消费者选择更环保的用餐方式，这也算是对外卖垃圾问题的一种补偿。

根据媒体报道，上海垃圾分类的新规实施后，"饿了么"已经联合平台头部商户品牌，在全国范围内推出针对餐饮细分领域环保包装材料的解决方案输出，帮助商户落地环保包材。美团外卖将以全产业链条为出发点，包括上游的源头减量、包装升级以及下游的回收分类与循环利用，未来将探索尝试外卖餐盒上门回收模式、校园卡分类积分激励体系等。

撰文　郑亦兴

参考资料：
[1] 郑亦兴. 垃圾再生 | 外卖垃圾的困局怎么破 [EB/OL]. [2020-02-15].
　　https://www.thepaper.cn/newsDetail_forward_3982799.

1#清洗水罐

1#碟离进料罐

2020年1月，上海老港再生能源利用中心的湿垃圾处理厂

澎湃新闻记者　周平浪　拍摄

上海老港再生能源利用中心里的水塔

澎湃新闻记者　周平浪　拍摄

2019 年 12 月，上海市中心某饭店后厨的垃圾桶

澎湃新闻记者　周平浪　拍摄

5

无废城市，
还有多远

如何理解
"无废城市"
的愿景？

人类在生产生活中不可避免会产生废弃物。废弃物管理的命题，始终伴随着人类社会的进程。在过去几十年中，虽然中国一些城市不断尝试加强废弃物管理，但问题却日益突显。

以生活垃圾为例。早在 1957 年，北京就率先提出垃圾分类。1996 年，北京在多个小区试点垃圾分类。2000 年 6 月，北京、上海、南京、杭州、桂林、广州、深圳和厦门八个城市，被确定为"生活垃圾分类收集试点城市"。2008 年之前，北京为兑现绿色奥运的承诺，又开展了一轮垃圾分类工作。

然而，这一轮又一轮的垃圾分类试点，都未能找到良方，推动当地垃圾分类成为现实。与此同时，生活垃圾虽然日益增长，却基本都能在拂晓前，借由环卫工人之手被清运干净，远离广大市民的视野。垃圾问题并未得到普遍重视。

通过环保组织、个人和媒体的工作，公众也逐步了解到垃圾、洋垃圾的问题。比如，2003 年，国际环保组织"绿色和平"调研并发布了一份针对广东贵屿非法电子垃圾拆解的

中外城市垃圾处理方式对比
（2018 年数据）

数据来源：2018《中国城市建设统计年鉴》；新加坡环境与水资源部；东京 23 区清扫事务联合会。

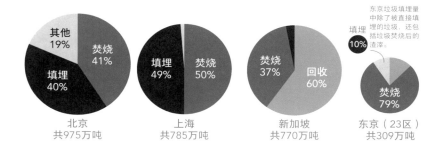

研究报告。电子垃圾这一固体废弃物如何处置的问题，由此被公众看到。而在2011—2012年，生活垃圾围城的现象，被纪录片《垃圾围城》揭示出来。通过导演王久良的镜头，分布在北京周围、号称"第七环"的数百个垃圾填埋场，让人们愕然。2016年，王久良的另一部纪录片《塑料王国》上映，将塑料污染的问题呈现在人们眼前，又引发一系列关于塑料、特别是一次性塑料污染问题的讨论。

如果说，固体废弃物的问题对人们来说还显得遥远，但2011年前后，空气污染状况加剧，将问题拉近到每一个人面前。可以说，一定程度上，雾霾提高了公众的环境意识，也引发对更多环境问题的关切。

此外，中国政府逐步意识到垃圾问题的环境健康风险，并采取了一系列行动。2013年开始，中华人民共和国海关总署部署"绿篱"等行动，严厉打击"洋垃圾"走私活动。2017年，中国正式通知世界贸易组织（WTO），明确表示中国将逐步禁止洋垃圾进口。2019年1月，中华人民共和国国务院办公厅印发《"无废城市"建设试点工作方案》，正式推进中国"无废城市"建设工作。

"无废"这一概念的另一个说法是"零废弃"。在中国，这个概念源于2011年前后一家环保公益机构——中国零废弃联盟——的建立。这家机构旨在推动中国垃圾危机的解决，在垃圾管理议题上，促进政府、企业、学者、社区、媒体、公众及公益组织等各界的对话与合作。由此，通过多种渠道，"零废弃"的概念，被公众逐步了解。可持续消费、极简生活、断舍离等绿色生活理念，也得到认可和推崇。

国际上很早就提出了"零废弃城市"（Zero Waste City）的概念，并发展出较完善的定义、理论和方法。国际上先后有23个城市，宣布了零废弃的目标和计划，并开展相应工作。

对比"零废弃城市"，中国的"无废城市"虽然在字面上与之类似，但具体定义还是有比较明显的区别。

根据中华人民共和国生态环境部发布的信息：

"无废城市"是以创新、协调、绿色、开放、共享的新发展理念为引领，通过推动形成绿色发展方式和生活方式，持续推进固体废物源头减量和资源化利用，最大限度减少填埋量，将固体废物环境影响降至最低的城市发展模式，也是一种先进的城市管理理念。

而根据国际零废弃联盟2018年12月修订的定义，零废弃的定义被明确为：

零废弃：通过负责任的生产、消费，重复利用和妥善回收产品、包装和材料，而不是焚烧和排放污染进入土壤、水或空气，造成对环境或人身健康的危害。(Zero Waste: The conservation of all resources by means of responsible production, consumption, reuse, and recovery of products, packaging, and materials without burning and with no discharges to land, water, or air that threaten the environment or human health.)

相较而言，国际零废弃联盟明确不推荐垃圾焚烧的处置方法。

结合对中国"无废城市"建设指标体系的解读，可以看出，"无废城市"建设计划，虽然提出希望通过提高生活垃圾回收利用率来降低其焚烧比例和填埋比例，但考虑到指标体系中关于生活垃圾填埋量的控制，未来可能的结果是，垃圾回收率虽然提高，但垃圾总量上升、填埋比例降低，却推高了生活垃圾焚烧量。

如前所述，生活垃圾焚烧发电，在很多地方被推崇为"能源回收"的产业。但结合中国生活垃圾焚烧厂的效率，往往不能算作固体废弃物管理分级策略的其他方式利用（Recovery）层级，仅能算作最终处置。因为这伴随着高昂的投资和高风险的污染排放问题。在锁定效应之下，将持续几十年，孰轻孰重不言自明。

当然，在推动中国社会从工业文明向生态文明转型的过程中，以"无废城市"的规划，回应固体废弃物环境问题的挑战，

老港风力发电

周平浪　拍摄

无疑具有积极意义。

中国未来的"无废城市"应参考借鉴国际先进经验，厘清固废法规中不甚清晰的名词、术语、定义，结合固体废弃物管理，通过推动生态设计等生产者延伸责任，以及相应配套政策法规税收的制定，落实"源头减量"措施，从根本上解决固体废弃物问题。

然而，无废城市的建设，需要广泛的公众参与和配合。

零废弃概念近年已经逐步被公众了解、熟悉，这一生活理念日渐成为风潮。如何调动利益相关者的参与，发挥社会组织的作用，推动绿色生活的普及，实现固体废弃物问题的多方治理，是"无废城市"建设进程中的关键问题。

如何理解
回收利用？

欧盟在固体废弃物（包括生活垃圾、工业废弃物、农业废弃物、医疗垃圾等）管理方面的工作走在世界前列。欧盟制定的"固体废弃物框架指令"（Waste Framework Directive, WFD）中，提出明确的废弃物管理分级策略（Waste Management Hierarchy）。

欧盟废弃物管理
分级策略

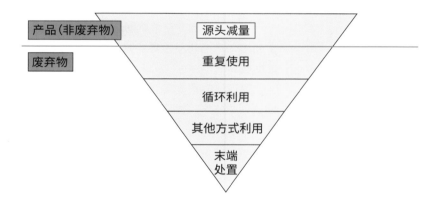

预防原则是环境管理的普遍原则。垃圾管理先进国家和地区对末端处理带来的资源损耗、能源损耗和环境破坏风险进行反思，确立了"源头减量—重复使用—循环利用—其他方式利用—末端处置"的垃圾管理优先序原则，认为应当尽量采取优先次序更靠前的手段，并根据这个原则制定垃圾管理政策。

从这一分级管理层面看，我们常说的"回收利用"概念，还需要厘清。

第一，综合环境效益和经济效益，应首先考虑在不破坏产品原有整体性、功能性情况下的再利用。这就是"源头减量"（Prevention），是指防止或减缓产品、包装物或其他物料变成固体废弃物，或使用产生固体废弃物更少的产品、包装物，从源头减少垃圾产生。

以木桌为例，从设计开始就要结实耐用，因为坏了就会变为垃圾。

近几年，出现了"二手经济""闲置经济""共享经济"等一系列新名词。虽然意思不尽相同，但多少能提高单位产品利用率。如果管理得当，甚至可以从源头阻止废弃物产生。其最重要的意义在于，避免废弃物本身和相应处理所导致的资源和能源的浪费，以及直接和间接的环境健康危害。

第二，一些破旧或损坏的产品，可实现"重复使用"（Re-use）。这是指在产品及其部件、包装物变成固体废弃物之前，就通过回收、清洁、消毒、维修、再分配等操作，使其能够再次用于同样的用途或其他用途。

其中一个含义是修复。比如一条桌腿坏了，尽量先采用修复的手段，让它保持桌子的功能，不要丢弃。另一个含义是二手交换，比如桌子是新的，但有钱人不要了，把它给到需要的人继续使用。欧美流行的"慈善商店"，就是这种策略的常见表现形式。这种办法不破坏原有产品的属性和功能，对资源、能源、环境及经济效益都有较好的维护。

第三，对可回收物资，如废纸、废塑料、废旧金属等，通过物理、化学的手段，将其中物质进行提取和转化之后，使之成为可生产加工新产品的材料，即"循环利用"（Recycling）。

以木桌为例，在木桌彻底损坏而废弃后，将其粉碎，作为木材填料重新进入产品物质循环。这便是我们日常语境下的"回收利用"，即废品回收。

第四，有些国家、地区推崇垃圾焚烧发电，也称为"能源回收"，但这不能称作"循环利用"。如果满足一定的能源回收率，则可以成为下一个层级——"能源回收"（Energy Recovery），也称"其他方式利用"（Other Recovery），是指在循环利用之外对固体废弃物的利用，主要包括从固体废物中提取物质作为燃料、达到一定能量转化率的焚烧、利用填埋场沼气发电等活动。

例如把桌子作为木材粉碎烧掉，回收能源。

最后，在目前的技术、现实条件下，即使通过以上废弃物管理分级策略，减少一定比例的固体废弃物，但仍需要进行安全处置，即"末端处置"（Disposal），完成废弃物管理的最终一步。这包括常见的填埋，以及因发电效率较低而不能被划入"能源回收"的垃圾焚烧，其背后意义是不再利用或利用效率很低。

早在 2008 年,欧盟的《废弃物指令》就对优先序原则做出明确规定,联合国也将该原则作为垃圾管理的指导方针。在欧盟指令中，如果焚烧项目的能源效率（Energy Efficiency）高于0.65,可归于"其他方式利用"的层级，否则只能算"末端处置"。

在优先序原则指导下，欧盟2015年出台的《循环经济行动计划》是从源头到末端的、统一的生活垃圾管理规划。其中计划到2030年,将生活垃圾循环利用和重复使用的比例提高到70%以上。这意味着，焚烧和填埋等混合垃圾处理方式，比例不能高于30%。也就是说，欧盟将焚烧定位为"源头减量"和"循环利用"不能完全到位的情况下，而不得已采取的措施，或处理分类利用之后剩余垃圾的补充手段。

低成本化原则很重要。

焚烧如果排放达标，就可以用于处理废弃物。但是问题在于，焚烧要真正完全达标（包括废气、废水、飞灰的处理），需要很高的社会成本。比如，焚烧厂建造成本50万元/（吨·日），运营成本为70元/吨；而厨余堆肥厂的建造成本仅为10万元/（吨·日），运营成本仅为28元/吨。通常来说，应当优先采用成本更低的方案——何况，垃圾焚烧本身还存在环境风险。

2009年12月，北京大兴区
安定垃圾填埋场

冯婧　拍摄

如何理解
"无害化"？

同样有必要厘清"无害化"这一概念。

很多场景下，我们认为生活垃圾进入填埋场或焚烧厂，就是进行了无害化处理。然而，这一理解并不准确。无害化不能简单地等同于填埋或者焚烧。无害化是对整个固体废弃物处理过程的基本要求，即任何环节、方式都应该达到无害化要求，而非只是最终处理过程的代名词。甚至，如果填埋场和焚烧厂具有相应的环境问题，也不能默认其等同于无害化（处置）手段。

可以看看中国的废弃物管理法规。目前的《中华人民共和国固体废物污染环境防治法》（以下简称《固废法》）二审稿中，虽然对"利用"有相应解释[见第一百一十八条，第（十一）项，"利用，是指从固体废物中提取物质作为原材料或者燃料的活动"]，但具体到总则中提出的综合"利用"、并实现"资源化"利用等原则，并没有明确解释什么才是符合原则的"资源化利用"。

如果按照定义来理解，只要是"利用"的活动中提取了物质作为原材料或者燃料就算"（资源化）利用"的话，那作为固体废弃物管理层级中最下层级的、目前不得不接受的垃圾焚烧，也就成为符合法规原则的"利用"手段。

存在于很多农村地区的小型焚烧炉，由于技术限制，燃烧过程中炉温无法有效达到、维持在分解二噁英的温度，在焚烧垃圾的过程中可能产生大量的有毒有害物质，按照《固废法》的定义也算利用，但显然既不资源化，也不无害化。

如何客观认识
垃圾焚烧？

垃圾焚烧的好处在于可以节约垃圾占空的体积。例如，在上海老港再生能源利用中心，一份垃圾进入焚烧炉后，体积可减为原来1%。然而，垃圾焚烧后会产生废气、废水和废渣。这些废弃物的处理一方面依赖于垃圾焚烧场的技术，另一方面也需要公众的监督，以避免产生环境污染问题。

焚烧会导致哪些必须引起重视的隐患？

焚烧不是让垃圾消失，而是会转化为废气、废水、炉渣和飞灰等二次污染物。

垃圾焚烧产生的烟气中，污染物有200多种，可分为以下几大类：

中国生活垃圾特点是厨余垃圾多、含水率高，原生垃圾进入焚烧厂之后，需要专门静置脱水，才能入炉焚烧。这个过程产生的垃圾渗沥液，约占垃圾总量的10% ~ 16%。

炉渣是指燃烧不完全的垃圾，如塑料、玻璃、陶瓷和金属的残渣等。用炉排炉技术处理每吨生活垃圾的炉渣产生量为200 ~ 250公斤，采用流化床技术则大于80公斤。

污染物分类图表

持久性有机污染物（POPs）	典型代表是二噁英，多氯萘，以及多环芳烃。POPs在环境中很难降解，寿命往往超过十年
重金属	常见的有汞、镉、铅、镍、砷等
温室效应气体	包括二氧化碳、一氧化碳等
无机酸	包括卤化氢、氮氧化物、硫化物等，是酸雨的主要成分
颗粒物	有$PM_{2.5}$、PM_{10}等
盐	有氯化钠，氯化钾等

飞灰，是指烟气净化系统捕集物和烟囱、烟道底部沉降的底灰，富含重金属、盐和持久性有机污染物。采用炉排炉技术，每吨垃圾焚烧后可产生30～50公斤的飞灰；采用流化床技术，则可产生100～150公斤。

《生活垃圾焚烧污染控制标准》（GB 18485—2014）中的二噁英排放限值为0.1纳克/标方，这个数值达到了欧盟的最低标准。然而在实际操作中，一些欧盟国家执行的是0.01纳克/标方的标准。另外，国标仅要求每年有一天进行烟气二噁英的采样检测，如果焚烧厂当天调整到最佳工况，就很容易达标。如果不在开机、停机、混合垃圾成分波动等情况下监测的话，监测结果的准确性并不高。

生活垃圾焚烧产生的飞灰，是《国家危险废物名录》（2016版）中明确规定的危险废物，却获得过程性豁免：若填埋前监测二噁英、重金属等12项指标均不超标，可不按危险废弃物填埋。而环保组织调研发现，由于该名录对监测频次并未作规定，很多地方环保部门认为飞灰可无条件地不按危险废弃物填埋。这说明焚烧飞灰管理存在一定隐患。

垃圾焚烧，有时被贴上"清洁能源""新能源"的标签；但垃圾焚烧发电，即便与煤电相比，装机容量也更小、效率更低，生产单位电能的污染物排放更大。

中国目前煤电机组的装机容量主流在600兆瓦以上，300兆瓦以下的机组已面临淘汰；而生活垃圾焚烧发电机组一般只有20兆瓦左右，对电力的供应并不多。

据2012年数据，中国的煤电机组的能源利用率已达到37.7%，而焚烧项目的能源利用率平均只有21%左右。

据学者计算，燃煤每发电1千瓦时，就产生烟尘88毫克，而垃圾焚烧发电1千瓦时，产生烟尘量则达368毫克，约为前者的4.2倍；而在二者都按标准排放的情况下，每发电1千瓦时，垃圾焚烧汞排放达到燃煤发电的7倍。因此可以说，垃圾焚烧发电是建立在更高的污染基础上的能源生产。（按照标准煤热值7000千卡/公斤，即8.14千瓦时/公斤，一吨标准煤燃烧产生烟气9000标方；垃圾热值7000千焦/公斤，即1.94千瓦时/公斤，一吨垃圾焚烧产生烟气5000标方。按现行排放标准，燃煤锅炉和垃圾焚烧的烟尘排放限值均为30毫克/标方）

垃圾焚烧和燃煤锅炉
主要大气污染物排放限值
（毫克/标方，小时均值）

成分	垃圾焚烧	燃煤锅炉
烟尘	30	30
二氧化硫	100	100
氮氧化物	300	100
汞	0.05	0.03

垃圾焚烧政策的局限性

垃圾焚烧项目的优惠政策和收益主要来自以下几方面：作为城市基础设施享受划拨用地；财政支付的垃圾处理费（包括渗沥液处理、飞灰处理）；上网电价；可再生能源补贴；处理费和发电收入退税。

按照优先序原则，回收利用比焚烧层级更高，理应得到更有力的政策支持。但中国传统上将混合垃圾收运处置看作公共服务，把回收利用交给市场；因此混合垃圾的垃圾转运点、焚烧等处理设施，得到规划保障和无偿用地；而回收点和回收市场，并没有城市黄线规划保障，常常面临搬迁，承受很重的成本负担。

垃圾处理费是根据入厂垃圾量按吨补贴，而不是按入炉垃圾量补贴。在未分类的生活垃圾中，厨余垃圾量可达50%以上，含水率较高。进入焚烧厂后，为了脱水，一般要先在垃圾储坑中静置6天左右。但即使入厂垃圾水分再高，焚烧厂也将按入厂垃圾量获得补贴。

焚烧厂享受着中央财政每吨垃圾280千瓦时、0.25元/千瓦时的可再生能源补贴，尽管作为石化制品的废塑料，为焚烧发电提供了一半左右的热值。

政策对垃圾焚烧的退税力度强于对回收利用的退税力度。在垃圾焚烧企业的营业所得中，垃圾处理费退税70%、垃圾发电收益的增值税退税100%；但再生资源加工者相关所得能获得的退税普遍只有30% ～ 50%。

目前垃圾焚烧的相关规划和政策，也对垃圾分类形成掣肘。

生活垃圾各组分发电贡献率计算（按入厂垃圾组分计算）

垃圾组分数据来源：中国人民大学2015年发布的一份报告，每公斤组分发电量来自瑞士一家研究机构公布的参数

生活垃圾组分	各组分质量比	每公斤组分发电量（千瓦时）	每公斤垃圾中各组分发电量（千瓦时）	单位质量垃圾中各组分发电量占比
厨余	59.33%	0.04	0.024	10.77%
纸类	9.13%	0.36	0.033	14.91%
塑料	12.05%	0.96	0.116	52.48%
玻璃	3.20%	0.00	0.000	0.00%
金属	0.73%	0.00	0.000	0.00%
木竹	2.10%	0.36	0.008	3.43%
织物	3.20%	0.37	0.012	5.37%
其他	10.26%	0.28	0.029	13.03%
总计	100.00%		0.220	100.00%

规划中的焚烧处理比例过大。中国城市生活垃圾的厨余垃圾超过一半，应单独分类，用堆肥等生化方式处理，使其回到自然循环中。而可回收的纸类、塑料又分别占10%左右。也就是说，如果分类工作做得好，需要进入焚烧、填埋等混合垃圾末端处理设施的垃圾量，只有不到30%。

上海垃圾分类的实践基本证明了这一点：

《上海市生活垃圾管理条例》施行半年来，湿垃圾分出量已从4500吨/日增长到约9000吨/日，可回收物也从约900吨/日增长到约6000吨/日，干垃圾已减少到不足1.5万吨/日。

按照规划，到2022年年底，上海市焚烧处理能力将达到2.9万吨/日、生化处理1.1万吨/日，填埋5000吨/日。显然，未来应当减少更多厨余处理设施，减少焚烧设施比例。

如果以全焚烧为目标，垃圾分类就会失去意义。

然而，主管部门还没有注意到这一点。2016年12月31日发布的《"十三五"全国城镇生活垃圾无害化处理设施建设规划》提出，到2020年底，设市城市生活垃圾焚烧处理能力占无害化处理总能力的50%以上，其中东部地区达到60%以上。

海南省发改委、住建厅2019年7月5日发布的《海南省生活垃圾焚烧发电中长期专项规划（2018—2030）》甚至提出：提高全省生活垃圾焚烧处理占比，近期焚烧处理占比达到90%，远期达到100%。

焚烧还具有"锁定效应"。

中国焚烧厂一般采取BOT或PPP模式，企业与政府签约长达20～30年。这段时间中，政府按吨向企业支付垃圾处理费，且必须保障企业获得一定量的混合垃圾作为原料，否则要向焚烧厂支付违约金。之所以采取这种方式，是因焚烧厂动辄需要投入数十亿元的建设经费，需要吸引民间资本，为的是确保投资项目的民间资本能够回本、盈利。

垃圾管理不一样的地方在于，其目标就是减少混合垃圾。而上述约定意味着，地方政府如果垃圾分类做得好，进入焚烧厂的垃圾减少，反而会违反协议。相当于在签约期限内，垃圾管理的方向锁定在混合垃圾焚烧上，这会让垃圾分类工作难有建树。

撰文

谢新源
（零废弃联盟政策主任）

刘华
（绿色和平资深项目主任）

参考资料：
[1] Commission, European. DIRECTIVE 2008/98/EC on waste and repealing certain Directives[J]. Off. J. Eur. Union, 2008:3-30.
[2] UNEP & UNITAR. Guidelines for National Waste Management Strategies[J]. 2013.
[3] 郭云高.垃圾焚烧行业电价补贴久拖不决或将影响污染防治攻坚效果[EB/OL].[2020-02-15]. http:// www.cnenergynews.cn/hb/202001/ t20200113_758757.html.
[4] 曾祥耙.垃圾焚烧发电成本分析[J].环境卫生工程杂志, 2014(3).
[5] 曾庆榆.生活垃圾焚烧厂垃圾渗滤液处置技术[EB/OL].[2020-02-15]. http://huanbao.bjx.com. cn/news/20200106/1034086. shtml.
[6] 中国华能.从生活垃圾到清洁能源 需要几步？[EB/OL].[2020-02-15]. http://news.bjx.com.cn/ html/20181015/933814.shtml.
[7] 中华人民共和国国家发展和改革委员会.产业结构调整指导目录[J].2019.
[8] 吴剑，塞瑞欢，刘涛.我国生活垃圾焚烧发电厂的能效水平研究[J].环境卫生工程, 2018(3):39-42.

[9] 黄文辉.生活垃圾焚烧发电厂发电量提升因素分析[EB/OL].[2020-02-15]. http://huanbao.bjx.com.cn/news/20190918/1008036.shtml.
[10] 生活垃圾焚烧厂烟气处理技术[EB/OL].[2020-02-15]. http://huanbao.bjx.com.cn/tech/20170113/155073.shtml.
[11] 中华人民共和国国土资源部.划拨用地目录（2001）（中华人民共和国国土资源部令第9号）[J]. 2001.
[12] 中华人民共和国国家发展和改革委员会.关于完善垃圾焚烧发电价格政策的通知（发改价格[2012]801号）[J].2012.
[13] 中华人民共和国财政部、国家税务总局.资源综合利用产品和劳务增值税优惠目录（财税〔2015〕78号）[J].2015.
[14] 惠博文.2022年底上海预计日均可焚烧垃圾2.9万吨 填埋5000吨[EB/OL].[2020-02-15]. http://huanbao.bjx.com.cn/news/20200103/1033808.shtml.

在一天清洁
一个国家

2018年，"捡拾中国"（Pickup China）项目团队，为了将斯洛文尼亚团队的知识和经验分享给参加9月15日中国"世界清洁日"的伙伴，经过授权，将详细记录了2010年斯洛文尼亚"国家清洁日"发起和完成经过的报告翻译成中文。这份报告的初始版本（斯洛文尼亚语）完成于2010年11月，2011年1月完成英语版。

为何人们需要在一天内共同行动起来，清洁自己周围环境内的"失控垃圾堆"？这样做能产生怎样的效果？本文节选了报告的一部分，为国内更多致力于失控垃圾捡拾和清理的个人及组织提供参考：

2010年，在斯洛文尼亚，失控垃圾堆的数量达近5万个，约200万立方米的垃圾无人问津。严峻的现状推动了"一天之内清洁斯洛文尼亚"项目（2010年4月17日）的诞生。起初，这个项目就立下超高的目标：招募至少20万名志愿者；绘制第一个用于收集失控垃圾堆信息的地图；清理至少2万吨垃圾；提高公众的垃圾处理意识。

在筹备过程中，失控垃圾堆地图的绘制是难点之一，然而经过志愿者们的不断努力，2010年9月底，已有50万立方米垃圾登记在册。为确保清洁日的高度参与性，项目组织者也进行了大范围宣传，举办新闻发布会、圆桌会议和社交活动，增加媒体曝光率；并且，提供了良好的后勤支持，发放传单、垃圾袋和手套，确定志愿者集合点和垃圾收集点。

4月17日到来时，共有27万志愿者参与，市政府、市政服务公司、武装部队、学校、企业等机构组织都加入清洁活动，清理转运垃圾，媒体也纷纷报道宣传。这次清洁日活动获得极高的参与度。活动后，组织方也收到不少来信反馈和感谢。这一天内达到的集聚效应超过所有单次清洁活动影响力的总和。

不过环保人士的目标没有就此停止：斯洛文尼亚计划于2020年废除所有失控垃圾场，于2030年成为零废弃国家。

七个半月的筹备过程中，世界清洁日的发起国爱沙尼亚为斯洛文尼亚提供了许多帮助，并于2010年1月举办了"国家清洁日"主题国际会议，用案例引导和协助其他国家。但斯洛文尼亚在其基础上进行了创新，组织者把活动分为两部分:清理垃圾堆和清理路边、学校及住宅区的垃圾，一方面降低难度，另一方面创建了垃圾堆的登记数据库，还用专业的宣传活动提高公众意识，如游戏漫画、时尚秀,并充分利用电视广播等媒体。

参与组织这场大规模清洁运动的工作人员没有薪酬,甚至自掏腰包,人数不到20人的核心团队承担了大部分工作。以下是他们完成的事情:

- 人际间的传播：吸纳每一个人，传播积极的正能量，
  提供简单的解决方案，而不是寻找罪魁祸首；
- 强力联合政府、机关部门、公众行政部门、市政单位、公共服务公司、
  武装部队和警察，以及各种非政府组织、研究所、工会、协会、幼儿园、
  中小学和私营公司；
- 邀请在斯洛文尼亚境内所有的清理项目参与春天的清洁活动；
- 通过意识提升和环保教育的活动，提升公众对垃圾处理的意识，
  同时让更多人知道清洁日这件事；
- 将大量学校和幼儿园纳入项目中来，
  是一种提升可持续的垃圾处理意识的方法；
- 非常主动地去调查并推动关于垃圾堆和垃圾回收相关法律的形成；
- 向政府和公司宣传可持续发展的思想，推动他们采用更生态的指标，
  提供环境友好型产品和服务；
- 在政府层面，开展各种围绕环境问题的活动，并引导他们进行讨论；
- 组织公众项目结项仪式（庆功会）感谢所有参与的志愿者对我们的支
  持和信任；
- 创建一个新的小组（想法的宝库），继续收集信息、建议和组织志愿者。

自爱沙尼亚的"Let's Do It"运动以来，"斯洛文尼亚清洁日"等世界清洁日项目证明了，普通人可以以一种积极的方式组织和团结起来，为世界带来巨大的正面改变。

编译　捡拾中国

参考资料:

[1] Nara Petrovi. 如何在一天内清洁一个国家：来自斯洛文尼亚的报告[EB/OL]. 捡拾中国译.
    [2020-02-15]. https://www.thepaper.cn/newsDetail_forward_2410708_1.

"世界清洁日"行动起源于欧洲，2008年爱沙尼亚的"Let's Do It"动员了4万人，用一天的时间清理他们的国家。让公众看到垃圾，让人与人之前建立连结，并推动整个国家往零废弃社会前进，这是这一行动的意义所在。这一行之有效的行动模式，很快影响到周边的国家。2010年4月17日，斯洛文尼亚在一天内动员了27万人参与清理。2016年，已经有113个国家参与到这一规模宏大的环保行动中去。2018年9月15日被命名为"2018世界清洁日"，希望能推动全世界至少150个国家在同一天进行清洁。

捡拾中国（上海浦东乐芬环保公益促进中心）发起于2014年，是国内首个专业关注户外垃圾议题的环保公益品牌，以组织捡拾和宣传倡导为主要方式，通过捡星地图的开发，行业间的联合行动，推动公众关注户外垃圾议题，改变行为习惯，从而还山野户外以洁净。2018年，作为中国协调方，捡拾中国将"世界清洁日"落地中国，希望能用一至三年时间，影响并推动中国100万人，用一天的时间清洁地球，推动建设一个更可持续的社会。

2018年9月15日世界清洁日，中国大陆有约700支团队、近10万人参与；2019年9月21日，参加者增加到1300支队伍、26万人。

新加坡零废弃计划：
走向循环利用的未来

新加坡政府制定了"零废弃计划"（Zero Waste Masterplan）应对气候变化、温室气体排放导致的全球变暖，以及人口增长造成的资源紧缺等问题，通过改善国民处理废物的方式解决当前新加坡面临的更实际的问题：实马高垃圾填埋场（Semakau Landfill）将在2035年耗尽填埋空间，而过去的环境挑战仍在威胁着当下。未来远景中，"零废弃计划"将会实现三个层面的韧性（resilience）：气候韧性、资源韧性和经济韧性。

促进循环经济，以取代线性经济模型是零废弃的目标之一。为此，从生产消费到废物资源管理都需要采取一定措施。具体而言，"零废弃计划"的目标有：延长实马高垃圾填埋场的使用寿命；于2030年前使人均日均垃圾产生量由0.36公斤降为0.25公斤（30%的减幅）；于2030年前总体废物回收率达到70%（含非生活垃圾回收率81%和生活垃圾回收率30%）。

为达成零废弃的目标，可持续生产和可持续消费是源头手段，主要目的是减缓资源转化为垃圾的速度。

在生产方面采取的措施包括：可持续设计（延长产品寿命；减少不必要包装）、提高资源利用效率、建立产业共生体系（某一行业产出的废品可被另一行业用作原材料，如食物废渣用于生产化肥，这一措施也对产业布局有要求，用于减少运输成本）。

在可持续消费方面，减缓资源变废的手段主要有：减少不必要消费、重复使用或捐赠不需要的物品，以及提倡购买含有绿色标签的产品。

可持续利用已产生的垃圾，则是零废弃计划在下一阶段的措施。

非生活垃圾的回收利用已经颇有成效，如利用现有建筑垃圾生产新型建筑材料，使得其回收率几乎达到100%；金属垃圾则主要通过从垃圾焚烧灰烬中提取的方式，完成有效回收；但与之相比，生活垃圾却只达到22%的回收率，零废弃计划改善了原有家庭垃圾回收体系的不足，旨在为居民提供便利、培养垃圾回收意识。

尽管如此，新加坡仍有多种资源未被充分利用，零废弃计划重点致力于促进其中三大资源的循环利用：食物、电子设备和包装材料。

构成新加坡垃圾总量1/5的食物垃圾，仅有17%被回收利用，减少浪费和将食物废渣用于再生产，是有效的消解手段。而长期推行食物垃圾分类，不仅提高回收利用率，更能提升回收过程的效率。

废旧电子设备往往含有许多有害成分，零废弃对其中的零件和成分做出限制，并要求部分生产商负责产品的售后回收。

包装材料占生活垃圾的1/3，由于其难以被再利用，新加坡出台了《新加坡包装协议》（Singapore Packaging Agreement, SPA）提倡可持续设计，也支持了"自带包装物"等运动的开展。

除了策划如何减少废弃物、高效利用资源外，零废弃计划也致力于加快垃圾回收利用的基础设施和技术的发展，如开发气动垃圾输送系统（Pneumatic Waste Conveyance System），建造能源回收工厂和图阿斯·克苏丝综合垃圾管理设施（Tuas Nexus Integrated Waste Management Facility,IWMF）。IWMF中有多种废旧资源的协同作用，可同时综合治理水资源和能源资源。

新加坡还在努力转变环境服务产业以配合循环经济的发展，在技术创新、求职技能、生产力和国际化四个方面，提升环境服务产业的技术含量与水平。预计2025年，前3万从业人员的工作将受益于技术升级。

进行产业升级的具体举措主要有：鼓励创新；推动技术广泛应用；采用可持续的人力使用，对劳动力进行培训和教育；优化产业用地和改善雇佣合同制度；扩大市场入口和海外市场；升级综合治理措施。

在零废弃计划的所有目标中，开发新型回收技术和研制环保替代材料是重中之重，可从源头和回收阶分别提高资源的利用程度。更重要的是，在致力于建立零废弃国家的过程中，针对不同的领域，项目协议和新兴技术层出不穷，政府、企业、高校、家庭和个人都积极参与了零废弃计划的实施，并与携手海外力量共同推进。

编译　徐千钦　冯婧

参考资料：
[1] Ministry of the Environment and Water Resources, Singapore. Zero Waste Masterplan[R]. 2019.

梧桐资源空间
Wutong Recycling Center

2019 年 12 月，上海市中心一处资源回收点

澎湃新闻记者　周平浪　拍摄

上海嘉定一辆运输废旧物资的卡车

澎湃新闻记者　周平浪　拍摄

2009 年 12 月，我跟随一个环保组织参观了北京的安定垃圾填埋场、南宫堆肥厂和马家楼分拣转运站，第一次对垃圾有了直观的认识。

安定垃圾填埋场建成于 1996 年，北京市南城的大部分生活垃圾都填埋至此，每年可填埋垃圾约 40 万吨，一期的设计年限为 14 年，但 2008 年 5 月就填满封山了。二期扩大了容量和日处理量，目前仍在使用中。

据当时的工作人员介绍道，按照安定垃圾填埋场日处理垃圾 1400 吨估算，每天会产生约 340 吨渗沥液。"渗沥液"，俗称"垃圾汤"，即垃圾在堆放、填埋和分解过程中产生的一种高浓度的有毒有害液体。渗沥液需经过生化处理和反复过滤，最后排出的水可用于垃圾场内的刷车、冲地、绿化等。

我看到垃圾山上，垃圾作业车将卡车卸下的垃圾铺平压实，冒出一阵阵烟气，垃圾山的巨大体量让人震惊。不过，工作人员介绍，填埋场产生的沼气可以回收利用，当时，他们正在建设沼气发电系统，建成后可供垃圾场内使用。这个信息让我不再讨厌垃圾场里不时飘来的臭味，原来垃圾也能转换成能源。

在随后的南宫堆肥厂，我又看到垃圾如何堆肥。发酵库房里堆着已经分选的垃圾，但依然有很多塑料瓶、一次性筷子和塑料。当时就有人提出，如果能垃圾分类，这里会不会更容易堆肥？

那时的我，对垃圾分类还没什么概念，但是从字面理解，如果能把堆肥的垃圾分出来，直接运到堆肥厂，那样确实会减少很多成本。从那以后，我开始关注垃圾分类。而 10 年后，我所生活的城市——上海，率先提出强制垃圾分类。

本书的主要内容来自澎湃新闻"市政厅"栏目发表的一系列文章，但是，要完成一本内容丰富的读物，"市政厅"之前积累的文章远远不够，需要加入垃圾分类全程体系的更多内容，还需要将这些内容转化成通俗易懂的信息。为此，我们搜集了许多国外的垃圾分类报告和宣传指南，而阅读这些内容是我在编辑过程中受到触动最大的时刻。

去过日本的中国游客一定对日本的垃圾分类深有体会，"市政厅"也发表过好几篇文章。日本垃圾处理以焚烧为主，垃圾主要分为可燃垃圾和不可燃垃圾，鉴于日本人的饮食习惯不会产生过多厨余垃圾，所以也不把厨余垃圾单独分出来。因此，不少人说日本的垃圾分类经验不适合中国国情。

然而，当我在东京 23 区清扫一部事务联合会的官网上下载到一份中文的清扫报告时，我才意识到日本的垃圾分类到底好在哪里。

这份中文报告虽然只有15页（日文报告有42页），但结构清晰、数据详尽、内容充实。比如，里面有东京所有垃圾处理设施的分布、类型、功能和整个系统的运作流程，也公开了每年处理垃圾的收入和支出，以及处理每吨垃圾和每吨粪便要花多少钱。当然也少不了技术细节，比如垃圾分类不当如何导致焚烧炉发生故障。报告还配有很多深入浅出的图解，让我一眼就能看懂垃圾焚烧的流程、垃圾填埋的方法，以及东京20世纪50年代起的填埋空间是如何分布和增长的。

最让我感慨的是报告的第一页——垃圾与资源的流程图。这张图并不复杂，清晰地标出了从居民家中产生的垃圾，如何一步步经过回收、中转、处理后，转换成资源被重新利用，不能转换的被最终填埋到新海面处理场，每一个环节都有对应的具体设施和操作内容。这些设施不是抽象的概念，而是有名称的地点和空间。而在另一份垃圾数据的报告中，又在这幅图的基础上，加上了每个环节的具体垃圾吨数。

在本书中，我们也插入了该报告的一张图，这张图可以让读者对东京垃圾分类的成效有直观的了解。不同于中国城市还在填埋原生垃圾，东京填埋的是垃圾焚烧后的渣滓，以及不可燃垃圾和大件垃圾破碎处理后的废渣。

浏览完这份短短15页的报告，我就对东京的垃圾处理情况有了全面而深入的了解。我也可以体会到，每一张图、每一段文字的背后，需要统计多少数据，需要调查多少资料，需要整合多少信息，需要了解多少专业知识，才能如此清晰而详尽地呈现出这份报告。我想，这份报告及其背后付出的扎实的努力，才是我们需要向日本的垃圾分类学习的重点。

要解决每一个具体的城市问题，比如垃圾处理问题，离不开扎实的专业知识和科学严谨的数据。而除了专业和科学，如何把专业的语言转换成通俗易懂的公开信息，并清晰地传达给公众，也是一个至关重要的工作。这也是我们制作这本书时，希望达到的一个目标。

在过去一个多月的时间里，我们完成了本书的编辑工作，其中也离不开很多人的帮助。

首先，要感谢市政厅栏目的作者，本书中收录了以下作者的文章：陈立雯、郝利琼、黄秋源、相欣奕、马晓璐、牟飞洁、王奎明、唐奕奕、王子人、尤雾、俞宙明、郑亦兴、曹书韵和江南好。这些作者第一时间在澎湃新闻上分享了垃圾分类的宝贵经验，并在本书编辑过程中，提供了更多的图片及资料。此外，还要感谢爱芬环保和四叶草堂提供的图片和支持，感谢孔洞一提供了德国垃圾分类的图片，童菲蔷提供了日本垃圾分类的图片。

其次，要感谢为本书补充内容的专业人士。我们邀请了零废弃联盟的专家谢新源和刘华，对垃圾问题进行深入解读。在上海城投集团的陆怡敏、徐伟和沈聪三位老师的帮助下，我们参观了上海老港固废综合处置基地和上海徐汇区的两网融合示范点，对上海的垃圾处理设施有了更深入的了解。也要感谢杨迎宾老先生，他向我们推荐了田培琼老师整理的上海垃圾分类的历史资料及图片，让我们对上海垃圾分类的历史有了新的认识。

为了让读者更清晰地了解垃圾的末端处理流程，澎湃新闻的插画师黄桅根据搜集的资料和实地探访，把复杂的垃圾焚烧、填埋和湿垃圾处理流程转换成三张插图。这三张插图离不开上海城投的吴曰丰和唐佶两位专家的指导，帮我们确认垃圾焚烧和填埋的技术信息，以及上海闵行区餐厨再生中心的吕长红和范鹏两位专家，让我们参观了湿垃圾处理设施，并给予了技术指导。

本书的编辑工作离不开澎湃新闻的支持，尤其是澎湃研究所同事们的通力合作。首先感谢澎湃研究所的所长张俊和总监吴英燕对本书的指导和推动，感谢三次讨论会的组织者王昀编辑提供了很多资源与协助，摄影记者周平浪为本书拍摄了很多精彩图片，沈健文编辑提供了很多重要信息。澎湃新闻的设计师刘畅帮忙制作了清晰易懂的数据图，图片编辑丁依宁帮忙挑选和编辑图片。本文也摘录了澎湃新闻浦江头条栏目的记者俞凯和李佳蔚对上海垃圾分类的相关报道，也要感谢浦江头条的陈伊萍、高文和栾晓娜提供的信息。还要感谢澎湃新闻的实习生邱慧思、徐千钦、胡婧怡，她们帮忙搜索数据信息，整理文字，付出了很多精力。最后要感谢群岛Archipelago的秦蕾和杨帆对本书的精心策划及付出。

垃圾分类工作，任重而道远，希望本书能为解决垃圾问题贡献出一份微薄的力量。

澎湃新闻首席编辑　冯婧
2020年2月　于上海

统筹：冯婧

配图：黄楒 刘畅 丁依宁

文字整理：邱慧思 徐千钦 胡婧怡

"垃圾再生"专题二维码
更多信息，可以浏览澎湃新闻·市政厅栏目的
《追赶新时尚》专题
https://www.thepaper.cn/newsDetail_forward_60740

图书在版编目（CIP）数据

垃圾分类的全球经验与上海实践 / 澎湃研究所编著
. -- 上海：同济大学出版社, 2020.7
ISBN 978-7-5608-9317-4

Ⅰ. ①垃… Ⅱ. ①澎… Ⅲ. ①垃圾处理 – 普及读物
Ⅳ. ①X705-49

中国版本图书馆CIP数据核字 (2020) 第143319号

垃圾分类的全球经验与上海实践

Waste Management:
Global Experiences and
Shanghai Praxis

澎湃研究所 编著
The Paper Institute

策　　划：群岛 Archipelago
责任编辑：江　岱
责任校对：徐春莲
装帧设计：Plankton Design
版　　次：2020 年 7 月第 1 版
印　　次：2020 年 7 月第 1 次印刷
印　　刷：上海安枫印务有限公司
开　　本：787mm × 1092mm　1/16
印　　张：13
字　　数：260 000
书　　号：ISBN 978-7-5608-9317-4
定　　价：88.00 元
出版发行：同济大学出版社
地　　址：上海市杨浦区四平路 1239 号
邮政编码：200092
网　　址：http://www.tongjipress.com.cn
经　　销：全国各地新华书店
本书若有印装质量问题，请向本社发行部调换。
版权所有 侵权必究